吃病

（暢銷改版）

病從口入關鍵分析，教你正確的健康之道

許秉毅 高雄榮總胃腸肝膽科主任
台灣「百大良醫」之一

許慧雅 高雄市營養師公會理事長
高雄榮總營養師

梁靜于 前聯合報資深醫藥新聞記者
前聯合報生活新聞組召集人

｜合著｜

U0031956

真食物、好食物、全食物

癌症關懷基金會董事長　陳月卿

我非常重視飲食。

因為我和先生都經歷過吃錯飲食而失去健康，又努力吃對飲食而重獲健康的歷程；再加上許多研究證實，改變飲食習慣，可以減少罹患心臟病、糖尿病、肥胖症、癌症甚至失智的風險。所以多年來，我像傳教士一樣到處傳播「新飲食文化」，想藉自身的例子喚醒仍深陷錯誤飲食習慣的人們，並且投入癌症關懷基金會，和一群伙伴共同努力改善癌友的飲食營養，還深入學校幫助孩子從小建立正確的飲食觀念。

本書作者之一的資深營養師慧雅就是我們經常諮詢、一起努力的伙伴之一。當她把許醫師和她合著的這本書稿交給我時，我立刻被書中所提的「死亡之漏」概念所吸引，迫不及待的一口氣讀完。

許秉毅醫師在胃腸肝膽科有許多深入的研究和治療創見，曾經上過我主持的「健康2.0」節目，言談風趣、深入淺出。我對本書中許醫師提出的「口漏」、「胃漏」與「腸漏」這三個死亡之漏，正是人體浩劫的開始，印象深刻。因為大家都知道「病從口入」，但病到底是如何由口進入我們身體，引起各種疾病？許醫師在書中有詳

細又深入的說明，看完後讓人不僅知其然而且知其所以然，打心底信服，產生願意改變的動力。這知行合一的力量，相信會帶給許多讀者健康的契機，也實現許醫師想做「醫未病」的「上醫」心願。

許醫師也闢專章介紹「生機飲食」。生機飲食曾在國內風行一時，我先生罹癌之初，我就是從安維格摩爾博士和雷久南博士處學到生機飲食的概念，並開始實踐。這中間的歷程完全吻合許醫師書中所說，吃不含化學添加物的「真食物」；吃安全、好的烹調方式的「好食物」；吃膳食纖維量多的「全食物」，改變了我的腸中菌叢、修補了胃黏膜、改善便祕和發炎現象、減少身體疲勞，終於全面提升健康。

很多人都以為生機飲食就是全部吃生食，但是安維格摩爾博士特別強調，她推薦的不是生食（raw food），而是活的食物（living food），她認為用調理機攪打，就是使食物容易消化又能保留最多營養的好方法。經過二十多年的實踐，我現在每天一杯精力湯，生的蔬菜、芽苗、水果、堅果或煮熟的糙米、全穀、豆類、根莖類都有，用意是吃到更多植物中所含的天然抗發炎藥物植化素和膳食纖

維。要避免書中所提的細菌汙染和寄生蟲問題，我跟慧雅一樣會用熱水汆燙蔬菜30秒至1分鐘，還有就是慎選好的芽菜。

最意外的是，我用高馬力的Vita-mix調理機製作蔬果汁、精力湯二十多年，竟然不知道高馬力的調理機除了可以「打破植物的細胞壁，釋放較完整的營養素。還可以擊碎寄生蟲及蟲卵，避免蟲蟲危機。」在這要特別謝謝許醫師博學多聞的立論，讓我能更放心地喝精力湯。

我相信如果能把握書中「726-25-25-225」的太平洋健康飲食祕訣，再加上許醫師的「心法」，一定能吃出健康，活出精彩亮麗的人生。

【推薦序】

三餐是人體一天三次的健康保衛戰

高雄榮民總醫院院長

　　許秉毅醫師八年前寫了一本《胃腸決定你的健康》，八年後修訂再版後，依然是暢銷書。如今將行醫心得整理出來，出版第二本《吃病》，對醫界及讀者是相當好的貢獻。

　　醫師在醫病過程經常會有感觸，就是無論患者和家屬，對疾病的產生往往沒有概念，最常問的問題是，我為什麼生這個病？醫師必須從頭說起。然而，花很多時間解說，患者和家屬經常仍是有聽沒有懂。如果有專科醫師能出書，指引民眾疾病產生的概念，醫師在治病過程，可能就不必花太多時間解釋一些基本觀念。這件事說起來簡單，但對專科醫師來說，要用通俗文字，甚至是生花妙筆，在百忙之中寫書，可不是每位醫師都能這麼仔細用心做到。

　　人體有很多器官，許多病患都是等到病痛時，才覺得發病的器官怎麼會這麼重要，平常怎麼不曉得珍惜。讀完許醫師的新作，看他深入淺出、圖文並茂地介紹「病從口入」，相信能讓讀者了解大部分的疾病是吃進來的，而三餐更是人體「一天三次的健康保衛戰」。

　　現代社會變化快速，很多人長期生活緊張，壓力很大。許醫師

特別在「別吃下心裡的毒」一章中闡明了壓力對自律神經、內分泌系統、免疫系統，乃至腸內菌及疾病產生的相關性，還提出了避免吃下心毒的「開心三力」，內容精闢，值得讀者細細品嘗。

《吃病》不只是指出病從中入，其中的「醫師小叮嚀」更是許秉毅醫師集三十年看病累積的精華，簡簡單單幾句話，讓讀者很容易知道遇到那種狀況，要注意哪些事情。

全書最大的貢獻不是只著眼如何把病治好，而是詳細說明壞菌與毒素是如何經由「吃」進入人體，以及最後如何導致高血壓、糖尿病、腦中風、心肌梗塞、失智及癌症。最難能可貴的是，許醫師也提出了十分具體的方法，告訴讀者如何避免吃到壞菌及毒素，乃至別人的糞便，讓自己能常保健康。

《吃病》特色不僅如此，許醫師是繼續和第一本書結合的最佳鐵三角一起創作，另外兩角——營養師許慧雅、前聯合報資深醫藥記者梁靜于，她們倆根據許醫師擬定主題，各自提供自己的專業意見。八年不算短的時間，人生經歷了很多的事情，累積了更多的經驗與體悟，許慧雅從營養角度提出的各式各樣處方，調配當下食材來保胃腸；梁靜于提供多元觀察角度與參與繪圖、編輯，讓全書以最貼切民眾的角度呈現給大家。

很榮幸能對全書先睹為快，除了欽佩三名作者「有特殊能力」通力合作，在八年裡出版兩本專業又通俗的醫藥圖書，也相信一般人和我一樣，看完本書對保健腸胃有更正確的認識，只要按「書」索驥，就不會「吃病」，即使有病也能和醫師配合得宜，早日恢復健康。

大腦快樂，腸道菌就健康

國立陽明大學生化暨分子生物研究所教授
前陽明大學生化所所長　蔡英傑

　　與許主任相識已是十多年前的事，當時父親因病住在高雄榮總，主治醫師正是許秉毅主任，他詳細清晰的病情說明與視病猶親的態度，留給我深刻的美好印象。而後，在TVBS的「健康2.0」節目上，我們也見過幾次面，一同在節目中為觀眾說明腸道健康的重要。

　　《吃病》絕對是一本值得推薦的好書，三位作者——醫師、營養師及記者，專業不同，思考模式不同，看問題的角度不同，很自然地震盪出一本理論實務並重，深入而淺出的健康好書。

　　在這本書中，詳細地說明了腸道菌對身體慢性發炎及各種疾病產生的影響。目前全球對腸道菌的研究正如火如荼，美國華盛頓大學的Jeffery Gordon教授在《科學》（Science）期刊上的一段話，最能忠實呈現：「腸道菌的研究改變我們對健康的定義，引導對全球健康問題的新思維。」

　　這本書最得我心的是，由慢性發炎切入，談如何由生活飲食習慣，做好健康風險管理。書中所提到的許多重點，追根究柢，其實都和維持健康的腸道菌密切相關。甚至在「別吃下心裡的毒」一

章中，所講的開窗力（打開快樂之窗）、找尋力（找尋亮點）和相信力（相信未來會更好），其實就是近年最熱門的菌腦腸軸概念延伸。大腦和腸道菌密切雙向溝通，大腦快樂，腸道菌就健康，腸道菌均衡，大腦就活力十足。

如何經由改變胃腸道菌叢來翻轉人生？這本書提出許多有理論根據的有效方法。看完了全書，我才知道許醫師在為家父看病時，為何我能聽得懂，原來他很擅長深入淺出訴說或寫出他的專業；全書字裡行間你也可以感受到許醫師不只是想治療好患者的病，更充滿人道關懷，他希望大家不要生病，尤其是腸胃病。

許醫師是位好醫師，這本《吃病》是本好的保健書，值得您仔細閱讀，身體力行。

你的病是為何產生？

高雄榮總胃腸肝膽科主任
台灣「百大良醫」之一　許東慶

　　從醫三十年，除了竭盡心力幫病人把病醫好之外，我每天還有一項必作的功課，也就是探究患者的病到底是為何而來的？因為我深信無風不起浪，病出必有因。一個人不會無原無故就生病，疾病的產生必然有其前因與後果，因此在幫患者把病醫好後，一定要告訴他：「你的病是為何產生？」並協助他改善飲食生活習慣及把致病源去除，否則患者很容易再次受到同一疾病的侵害。

　　由我自己多年的觀察與近年來的眾多研究顯示：「胃腸破漏」是老化之始與萬病之源。在人的身上有「九孔一囊」，所謂「九孔」就是臉上的七孔（兩個眼孔、兩個耳孔、兩個鼻孔、一張嘴）和尾端的兩孔（肛門孔、泌尿生殖孔）；「一囊」也就是我們身上的「臭皮囊」。在危機四伏的生態環境裡，人類必須有皮膚這個極其重要的保護層，才能避免許多外來病原體及毒素的入侵，九死一生地生存下來。為了要眼觀四方、耳聽八方、吸收氧氣、攝取營養、排泄廢物及延續生命，人類不得不保留下重要的九個孔洞。在這些孔洞中，大都在入口處還有一層薄膜或收縮肌防護，唯獨鼻孔和嘴是門戶大開的，這也成為了PM2.5、微生物及毒素等外物入侵的重要入口；而「嘴巴」更是這些外來物入侵的「最大門戶」。

　　細菌、病毒、毒素、致癌物、過敏原、酒精、尼古丁、檳榔等外來物入侵人體後，會造成「胃腸破漏」，進而引起全身性慢性發炎，使人百病叢生。如果我們能知道如何阻斷外物的入侵及胃腸的破漏，就能大幅減少全身性慢性發炎的進行，並有效地防止老化、癌症、心臟病、腦中風、高血壓、糖尿病、肝硬化、腎衰竭及失智症等重大疾病的產生。

　　在吃入的致病原中，「壞菌」是危害健康的頭號公敵。這些吃入的壞菌可在人體落地生根，並且產生各式各樣的毒素，誘發眾多疾病的產生。例如，口腔內的牙齦卟啉菌、齒密螺旋菌以及連翹厭氧菌可以引起口臭；胃中的幽門螺旋桿菌可以引起慢性胃炎、胃潰瘍、十二指腸潰瘍、胃癌及胃淋巴癌；困難腸梭菌可以引起偽膜性大腸炎。值得非常注意的是，胃腸壞菌所產生的毒素可能經由口漏、胃漏及腸漏現象，進入血流之中，到達五臟六腑，進而產生蝴蝶效應，引起全身性的慢性發炎，誘發肥胖、糖尿病、高血壓、冠心症及腦中風等胃腸道外疾病的產生。

　　除了胃腸壞菌之外，還有許多有害物質隱身在食物中，可以導致癌症、過敏以及各種慢性疾病的產生。例如反式脂肪酸、農藥、塑化劑、過氧化氫、二氧化硫、亞硝酸胺、黃麴毒素、異環胺、多環芳香烴和丙烯醯胺等有害物質，它們雖不易立即引起明顯疾病，但卻會無聲無息地造成我們身體的慢性發炎和老化，最後造成各種疾病的產生。

　　本書的特色在從微生物學、毒物學、生化學、分子生物學及營養學等，不同的面相來導引讀者了解「疾病是如何被吃進來的」，並提

供讀者務實的疾病防治之道，以獲得不生病的生活。經由淺白易懂的說明以及我與梁靜于小姐精心製作的圖解，相信您可以一讀就通，一學就會，徹底了解自己為何會生病，並給予致病源迎頭痛擊。

除此之外，我們還邀請了許慧雅營養師撰寫了營養指南及食譜，提供實用的健康小撇步，告訴大家「726-25-25-225」的太平洋健康飲食祕訣，讓讀者了解如何經由低卡、多水、低鹽、高纖、少油、少糖，來翻轉人生，讓自己活得更加健康美麗。

最後跟大家分享一個小故事：據說戰國時代，魏文王生了一種怪病，御醫們各個束手無策，最後大臣們找到了名醫扁鵲來治病。結果，扁鵲果然妙手回春，治好了文王的怪病。文王十分感激，並且誇讚扁鵲的醫術高明，天下無雙。不過扁鵲卻說：「大王！我的醫術雖好，不過還不及我家的兩位兄長呢！」文王十分訝異地問道：「怎麼我從不曾聽聞你兩位兄長的大名呢？」扁鵲說：「世人找我醫病，不是疑難就是重症；然而，我家二哥幫人醫的都是小病，因此在病人的病情尚未演變至重病之前就將其醫治好了，所以只有我家附近的人了解我二哥的功力。至於大哥，那就更厲害了！當某些人飲食起居有所不當時，我家大哥便能指點他們更正飲食，避免他們以後產生小病，而既然不會生小病，當然就也不會生大病。因此，只有我們家人知道大哥的高明之處。」

扁鵲的故事告訴了我們：「上醫醫未起之病，中醫醫欲起之病，下醫醫已病之病」，藉著此書的問世，我希望每位讀者都可以遠離疾病的侵擾並獲得健康快樂的人生，並期許我自己也能成為一位真正的「上醫」！

吃出健康好生活

高雄市營養師公會理事長
中華民國營養師公會全國聯合會理事暨長照組主任委員
高雄榮民總醫院營養師

許慧雅

　　《吃病》是繼《胃腸決定你的健康》一書後，仍由許秉毅主任主導，並邀集梁靜于小姐及本人，再一部探討胃腸道醫學的著作。幸得許主任力邀，本人再次與百大良醫——許秉毅醫師請益，得以深究「病從口入」的源由。

　　從現在人理解的角度看中國先人的智慧《黃帝內經》所論及人體五臟六腑之胃腸，可理解為人體的發電機，所有外來飲食透過胃腸的消化與吸收，轉換成人體所需的能量，供應其餘臟腑，使人體能正常的運行。《黃帝內經》中也特別強調一個重要觀念，即是「藥是三分毒」，可見先人的智慧之先進，自中國醫學兩、三千年演化以來即告訴我們日常飲食的重要性。

　　如何使我們的胃腸在現代忙碌與高壓的生活模式中，得以獲得最適切的調理，即為現在醫事從業人士的首要任務。在撰書的過程中，獲許主任的提點，將營養結合胃腸醫學，再藉由梁靜于小姐的妙筆生花，使讀者能深入淺出，將艱澀複雜的胃腸醫學及營養醫學，融入繁忙的生活中，把有害人體的「毒素」，有效又簡單的方法排除在人體以外，別再讓忙碌與壓力的生活成為我們對待自己身

體的藉口。

　　因著科技的發達，人類的壽命也成正比的成長，高齡化的社會已悄悄地來到你、我的周圍，「養生」的課題又讓我們不得不重視，沒有健康的身體就沒有幸福的高齡生活，所以，如何把使用了數十年的好朋友——我們的人體器官，好好的照顧，陪著我們一起過著精彩燦爛的高齡生活，是全人類的希望與目標，所以透過日積月累的健康生活習慣與健康知識的累積，一起迎接屬於每個人的高齡生活。

　　很感謝高雄榮民總醫院劉俊鵬院長為本書作序，在撰書的過程中，院長給予我們極大的助益。再次感謝許秉毅主任，不僅在醫院工作中不間斷地協助我，在這兩本書撰寫過程中，使我對營養與醫學相輔相成有著更深入的體驗。還有梁靜于小姐，從《胃腸決定你的健康》到《吃病》，梁姊運用她的專業，以深入淺出的文字讓艱澀的醫學與營養的專業相結合，使讀者可以很容易地了解我們想傳達的訊息。本書對您的健康有任何的幫助，就是我們撰寫的初衷。

【作者序】

拒絕「病從口入」，就從今天開始

前聯合報資深醫藥新聞記者
前聯合報生活新聞組召集人　梁靜于

　　和許秉毅醫師結緣要從二十年前說起，那時我是聯合報系記者，主跑醫藥新聞。八年前，他想寫一本書，找我和營養師許慧雅合作，就這樣出版了《胃腸決定你的健康》。八年後，許醫師又要寫第二本書，再度找我們合作，出版這本《吃病》。

　　這個八年，在我人生只是一小段，起伏卻甚大。我從報社退休，也罹患癌症，從報導醫藥新聞，變成為醫病的當事人。此一大轉折，讓我更體悟到腸胃真的能決定健康，病真的是從口入。

　　當記者看到受訪的病人受病魔的折騰，總是十分不忍，而且覺得感同身受；聽到醫師解釋病情，要求患者注意這注意那，總認為事不關己。雖然自己照實報導，經常也是當身邊風，回到現實生活，根本不去理會醫師說的那一套。老實說，八年前出版《胃腸決定你的健康》時，書中講的道理我都知道，但生活中仍是敢吃敢喝，下肚的都是自己的最愛。

　　這次在協同製作《吃病》時，我的態度幡然不同。癌症的折騰不只是肉體，心理也是倍感煎熬；回想過去當記者的觀察，是絕對無法感同身受的。由於「事已關己」，我會向許醫師打破砂鍋問到

底，為什麼會這樣？為什麼會那樣？用這個小叮嚀、那個小撇步是不是真的有效果？

我當然也是《吃病》的實驗者，不只如此，我還把《胃腸決定你的健康》拿出來對照；我改變了飲食，非常注意避免「病從口入」。經過多年的改變，我覺得自己的健康改善了很多，精神也飽滿了不少。很多朋友看到我，都誇我健康無法比，相信假以時日，我會變得更好。

人的生活是一種習慣。過去有人說營養均衡的原則非常簡單，就是自己喜歡吃的少吃一點，不喜歡吃的多吃一點；但是很多人做不到。大部分人都和我一樣，不到「最後關頭」都不會改變習慣。我個人的經驗是，改變習慣只要度過第一、兩個月的撞牆期，就會順其自然了。

這本《吃病》是保健康的指南，依據指南，花一段時間去改變飲食，誠如許醫師所言，可能會翻轉自己的命運。這是小投資，大收穫。我是野人獻曝，希望讀者也能試試看，拒絕「病從口入」，就從今天開始。

目錄

關鍵
解析 **1**

胃腸破漏是萬病之源　21

許多人天天在不知不覺中把各種有害身體的物質吃入體內，引起胃腸漏及血管漏的雙漏浩劫，最後導致各式各樣疾病的產生。

關鍵
解析 **2**

雙漏浩劫的禍首──胃腸壞菌　29

胃腸壞菌及其毒素會進入血液中，循環全身，導致身體各處的血管壁及全身各組織的慢性發炎，可能進而誘發高血壓、心肌梗塞、腦中風、肥胖、糖尿病、癌症、阿茲海默症、頭痛、倦怠、關節炎、氣喘、紫斑症等各式各樣的疾病。

飲食是人體內腸道菌種的關鍵決定者。在日常生活中，我們可以藉改變飲食，來雕塑我們的腸內菌，進而翻轉我們的人生。

食物中的致癌物可分為四類：第一類是食物本身的毒素。第二類則是因為生長、保存及製作過程污染到的毒素。第三類是烹調不當產生的毒素。第四類是容器與餐具產生的毒素。

在飲食安全上，最重要的是要做到良好風險管理，以及聰明採購、及時保鮮、充分清洗與適當烹煮。

目錄

目錄

> 肥胖者的血液中存在許多發炎因子。這些原本是體內白血球用來對抗病菌的發炎因子散在全身的血液中，攻擊各種正常的細胞，最後引起各個器官的生病。

> 代謝症候群的治療不是靠吃藥，而是靠健康的飲食與生活習慣。許多研究顯示，低油、低糖、低鹽的飲食、低熱量的攝取和適當的運動，可以有效預防和改善代謝症候群。

> 太平洋健康飲食的祕訣就是吃7分飽、每天喝大於2000C.C的白開水、吃少於6公克的鹽、攝取大於25公克的膳食纖維、吃少於25公克的烹調用油及少於22.5公克的糖，如此必然能吃出健康，活出亮麗的人生。

胃腸破漏是萬病之源

胃腸表皮的破漏絕大多數是因為細菌感染及食物毒素所引起的傷害，肇因於吃錯了食物。而這些內在表皮的破漏往往無聲無息，我們難以感知，也無法看到，但是當發生問題時，如中風、心肌梗塞、尿毒症、癌症，往往大勢已去，難以挽回，可謂是「死亡之漏」。

　　人之所以會生病，追根究柢，大都是肇因於身上產生了胃腸破漏（Gastrointestinal leakage），胃腸一旦產生破漏，病源體及各種毒素便得以大舉入侵，隨著胃腸道內之血流進入人體，使人陷入百病纏身、萬劫不復的深淵。如果我們能徹底根除胃腸破漏，自然能遠離疾病，過著健康快樂、美好亮麗的生活。

　　日常生活中，皮膚的破漏大都源自於外傷、針刺及動物與昆蟲的叮咬，如果不做適當的清洗和消毒，可能會引發細菌感染，產生化膿或皮下組織的感染（醫學上稱「蜂窩組織炎」）；再不立即處理，那麼細菌就可能經由破漏之處進入血流之中，循環全身，引起敗血症，甚至死亡。不過，因為皮膚的破漏形之於外，容易發現，也較能立即處理，很少引起大問題。

　　真正可怕而容易引起大問題的是內在表皮的破漏，如胃、小腸、大腸及肺泡表皮的破漏。肺泡表皮的破漏主要是因為抽菸及空氣汙染，如PM2.5（指直徑小於或等於2.5微米的懸浮粒子）；而胃腸表皮的破漏絕大多數是因為細菌感染及食物毒素所引起的傷害，也就是說，肇因於吃錯了食物。而這些內在表皮的破漏往往無聲無息，我們難以感知，也無法看到，但是當發生問題（如中風、心肌梗塞、尿毒症、癌症）時，大勢已去，難以挽回，可謂是「死亡之漏」。

病從口入：口漏、胃漏、腸漏

　　死亡之漏究竟是怎麼產生的呢？且聽我細說分明。

口漏往往是由於抽菸、喝酒、吃檳榔。檳榔中的檳榔素（arecoline，是一種生物鹼）、荖花中的黃樟素（safrole）與夾檳榔的石灰可以引起口腔上皮損傷，造成口漏。

胃漏大都是源自於幽門螺旋桿菌及藥物的傷害，當不小心吃入含幽門螺旋桿菌的食物後，幽門螺旋桿菌的毒素可以引起胃炎、胃潰瘍，便會導致胃漏。

而腸漏主要是因為吃多了高油脂或高糖分的食物，這類的食物會養出大量的腸道壞菌，壞菌可產生各式各樣的毒素，破壞腸道上皮細胞間的緊密連結器，造成上皮細胞彼此分離，引起腸漏。因此我們常說的「病從口入」，還真是千真萬確！

這些口漏、胃漏與腸漏，事實上是人體浩劫的開始，因為隱身於食物中的毒素（如亞硝酸胺、異環胺、多環芳香烴、丙烯醯胺、黃麴毒素、塑化劑、甲醛、二甲基黃、過氧化氫、二氧化硫、順丁烯二酸、農藥）、胃酸及胃腸壞菌所產生的毒素，便可以輕而易舉地經由這些口腔及胃腸表皮的破漏之處，大舉入侵，造成口腔及胃腸黏膜與黏膜下層組織更大的傷害，甚至引起口腔及胃腸上皮細胞的基因突變，導致口腔癌、胃癌及大腸癌的產生。

最令人感到膽戰心驚的是，口漏、胃漏與腸漏不單單會引起口腔及胃腸疾病，它們還為細菌及毒素開啟了一扇深入人體的大門；經由這扇門，細菌及毒素便可以進入口腔及胃腸組織內的血管，再經由血流，雲遊體內，到達身體各處，造成全身性的傷害（參見P24圖1-1）。例如，這些毒素可以引起動脈血管內壁的破漏（血管漏），最後造成動脈發炎、狹窄及阻塞。

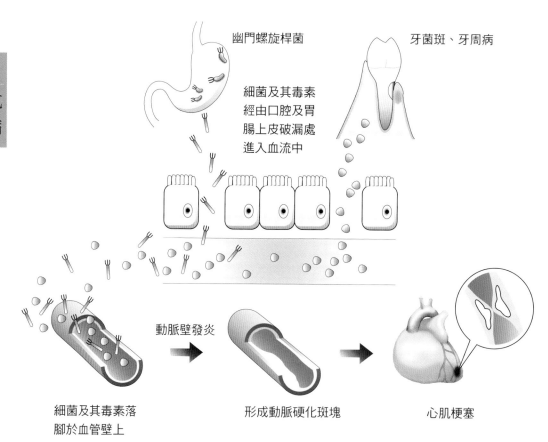

幽門螺旋桿菌

牙菌斑、牙周病

細菌及其毒素
經由口腔及胃
腸上皮破漏處
進入血流中

動脈壁發炎

細菌及其毒素落
腳於血管壁上

形成動脈硬化斑塊

心肌梗塞

圖1-1

口腔及胃腸道細菌所分泌的毒素或其細胞壁上的碎片，可以經口腔及胃上皮的破
漏（口漏及胃漏）處的縫隙進入血流之中，雲遊體內，引起全身動脈血管壁的慢
性發炎，造成血管內壁破裂（血管漏），使血管中的壞膽固醇得以經由破裂縫隙
滲入血管內壁，最後形成動脈硬化斑塊，導致心肌梗塞及腦中風。

近來的研究顯示，動脈硬化和狹窄其實並不是單純的老化現象，而是一種慢性動脈發炎。造成這種慢性動脈發炎的主要原因，是循環在血中的細菌毒素、食物毒素、尼古丁及白血球釋出的發炎物質，破壞了動脈血管內壁的表皮。血管內壁的內皮細胞層遭受破壞產生裂縫之後，血中的細菌毒素、低密度脂蛋白膽固醇（壞的膽固醇）便可以趁虛而入，經由這些血管內壁的裂縫（血管漏）鑽入動脈血管壁內；同時，動脈血液中的白血球也會經由血管內壁的裂縫鑽入血管壁內，吞吃細菌毒素及膽固醇，並釋放出「發炎細胞素」，引起管壁的慢性發炎及造成鈣離子的沉積，最後會導致動脈內壁形成隆起的硬化斑塊，使血管內腔變得狹窄。

如果全身有多處血管產生硬化及狹窄，血流經過時，血管壁的壓力會相當大，便會產生所謂的高血壓。同時有一天，隆起的硬化斑塊可能爆裂開來，引起血小板在爆裂處凝集，形成血栓，最後血管會完全阻塞，導致心肌梗塞（心臟的冠狀動脈完全阻塞）及腦中風（腦血管完全阻塞）（參見P24圖1-1）。

飲食習慣能改變腸道DNA

胃腸的細菌及食物中的毒素（如肉鹼、甲醛、二氧化硫、亞硝酸胺、黃麴毒素、異環胺、多環芳香烴、丙烯醯胺等）不但可以造成動脈血管的表皮破漏，還可以引起人體各器官組織裡之微血管的表皮破漏。

　　微血管的血管漏是件極其可怕的事，因為細菌及食物的毒素可以經此深入人體各器官的組織之中，引起大腦、心臟、肝臟、腎臟、胰臟等重要器官的慢性發炎，甚至可能導致阿茲海默症、帕金森氏症、脂肪肝、慢性肝炎、肝硬化、慢性腎炎、糖尿病、肥胖、高血脂症及癌症等嚴重疾病的發生。

　　講到這裡，相信讀者們已經可以體會為何我要大聲疾呼胃腸破漏是萬病之源。因為一個人如果能避免身體產生胃腸破漏，自然能避免血管破漏的產生，也就能常保青春，享受美好人生。在此，我要再次強調，人體的胃腸壞菌及隱身於食物中的毒素，是造成胃腸破漏的關鍵因素，它們是否能大舉入侵人體與個人如何吃息息相關。

　　西方人常說：「You are what you eat.」意思是說，「你是你吃的東西變成的」。的確，人如其食，而人類所罹患的大多數疾病也都

 許醫師的叮嚀

　　讓大多數人體內產生胃腸漏與血管漏之雙漏浩劫的致病原，如細菌、病毒、食物中的毒素、致癌物、甜食、肉鹼（carnitine）、反式脂肪酸、過敏原、酒精、檳榔、尼古丁，絕大多數還是從我們自己的「嘴巴」吃進去或吸進去的，也就是說，大都是我們自己引狼入室、引火自焚的。所以我們要吃好食、養好菌、吃營養、遠毒素，就能遠離腸胃破漏。

是自己吃進來的。許多人天天都在吃病，不知不覺中把各種有害身體的物質吃入體內，引起胃腸漏及血管漏的雙漏浩劫，最後導致各式各樣疾病的產生。

　　要知道，「吃」是改變腸道DNA的起點，而三餐更是人體一天三次的健康保衛戰。如果我們能吃好食、養好菌，並且吃營養、遠毒素，自然能避免可怕的胃腸破漏。

引起人體產生雙漏浩劫的原因及其來源

原因	主要來源
細菌及病毒	經口吃入或經呼吸道、皮膚、性行為進入人體
有害毒素，如黃麴毒素、反式脂肪酸、農藥、塑化劑、甲醛、二甲基黃、過氧化氫、二氧化硫、順丁烯二酸。	經口吃入
致癌物，如亞硝酸胺、異環胺、多環芳香烴、丙烯醯胺。	經口吃入
紅肉（如豬肉、牛肉、羊肉中的肉鹼）、甜食、反式脂肪酸、過敏原、酒精、檳榔、尼古丁等等。	經口吃入

雙漏浩劫的禍首──胃腸壞菌

胃腸壞菌及其毒素會進入血液中，循環全身，導致身體各處的血管壁及全身各組織的慢性發炎，可能進而誘發高血壓、心肌梗塞、腦中風、肥胖、糖尿病、癌症、阿茲海默症、頭痛、倦怠、關節炎、氣喘、紫斑症等各式各樣的疾病。

人的體內有兩套DNA，決定著我們的命運，一套是我們自己的體細胞DNA，另一套是從口腔至肛門的微生物叢DNA。我們無法改變體細胞的DNA，但可卻藉飲食及服用益生菌根本改變我們的微生物叢DNA，增加腸道內對抗疾病的「寶可夢」，進而改變我們的命運。

當我們在娘胎裡時，事實上腸道裡並沒有任何的細菌。但是打從出生的當下，經過產道時，產道內的細菌就無聲無息地進入了我們的口中，這是母親給我們的第一份重要禮物。而後，成千上萬、各式各樣的細菌會再從我們所喝的奶，所使用的衣物、玩具，以及所接觸的人，甚至呼吸的空氣進入我們的腸胃道中。因此，在娘胎內完全無菌的腸道，只要出生二十四小時，便存在了百億隻以上的細菌；而到了出生一星期後，胃腸道內的細菌會高達到百兆隻以上。

在一般成人，體內腸道菌的總重量約1.36公斤，與我們腦子的重量相當。也就是說我們的正常體重中，約有1.36公斤其實是細菌。這些細菌與我們互利共生，共存共榮，可謂是人體出生後新產生的另一個「重要器官」。這個新器官具有提供人體營養素（包括維生素B群、E、K、葉酸）、增強免疫力、降低血脂、促進腸蠕動的重要功能。

上消化道疾病的罪魁禍首──幽門螺旋桿菌

胃腸道裡的細菌有好人，也有壞人，同時還存在著不好不壞的

中性人（如類桿菌、鏈球菌及非致病性大腸桿菌等中性菌）。好的腸內菌，如乳酸桿菌（俗稱A菌）及双歧桿菌（俗稱B菌），具有提供人類養分、調節免疫力等重要功能。

但壞的胃腸細菌，如牙齦卟啉菌、齒密螺旋菌、連翹厭氧菌、幽門螺旋桿菌、產氣夾膜菌、病原性大腸菌、困難腸梭菌，卻是百病之源。例如口腔內的牙齦卟啉菌、齒密螺旋菌和連翹厭氧菌，會利用食物殘渣或鼻涕製造出硫化氫、甲基硫醇等物質，引起口臭。

而產氣夾膜菌及病原性大腸菌腸道等腸道壞菌，可以產生大量氣體，引起腹脹不適。困難腸梭菌可以分泌毒素，引起偽膜性大腸炎，造成腹瀉、腹痛及血便。

至於惡名昭彰的幽門螺旋桿菌目前更被發現是引起大部分慢性胃炎、胃潰瘍、胃癌、胃淋巴癌、十二指腸潰瘍的元兇，可以說是絕大多數消化道疾病的罪魁禍首。這隻可惡的細菌可以分泌各式各樣的毒素和酵素，來破壞人類胃黏膜的表皮細胞，並使胃酸分泌量增加，導致胃炎或潰瘍的產生。

研究顯示，受幽門螺旋桿菌感染的人100%會產生慢性胃炎，20%將來會產生胃潰瘍或十二指腸潰瘍；更可怕的是，約1%的受感染者還會產生胃癌或胃的淋巴癌。因此，世界衛生組織已昭告世人，幽門螺旋桿菌是一種一級致癌物，也就是確定的致癌因子。

現今，醫界已經了解幽門螺旋桿菌是引起95%的十二指腸潰瘍與75%的胃潰瘍的萬惡禍首。就胃潰瘍與十二指腸潰瘍而言，如果治療時只給病患潰瘍癒合劑，而未把細菌殲滅，那麼一年內潰瘍復發的機率高達90%；相反地，如果能在治療潰瘍時，同時徹底殲滅

幽門螺旋桿菌，則一年內潰瘍的復發率可以降到10%。因此，具有胃潰瘍或十二指腸潰瘍的患者，都應該請醫生為其檢測是否胃內有幽門螺旋桿菌感染。如果有的話，務必要請醫師根除這隻可惡的細菌。

幽門螺旋桿菌與胃癌的相關性

有關幽門螺旋桿菌感染與胃癌的相關性，在早期學界原本有許多爭議。直到1998年，日本學者渡邊教授（Watanabe T）做了一個膾炙人口的動物實驗，才使一切爭議戛然而止。他以幽門螺旋桿菌餵食蒙古沙鼠，同時觀察沙鼠胃組織的長期變化。結果發現，大多數的沙鼠在半年之後就產生了嚴重的慢性胃炎；一年之後，37%的沙鼠產生了胃癌。

這個石破天驚的實驗讓人類真正見識到這隻細菌的可怕。雖然，基於人道因素，我們無法、也不應在人身上重複類似的實驗，來驗證長期感染幽門螺旋桿菌的後果。不過由我們高雄榮民總醫院胃腸醫療團隊過去的一項觀察性研究，便可見識到其可怕之處。

我們曾經長期追蹤了1225位的患者，以了解幽門螺旋桿菌感染對這些患者日後發生胃惡性腫瘤的影響。結果，經過了6年的追蹤，原本有幽門螺旋桿菌感染的618位病人中，有7位（1.1%）得到了胃癌，同時還有1位（0.2%）得到胃淋巴癌，所以共計有8個人（1.3%）得到胃的惡性腫瘤。

而令人驚訝的是，在607位從來沒有被幽門螺旋桿菌感染的患者中，在相等時間的追蹤後，竟然沒有任何一個人得到胃癌或胃的淋

巴癌。

　　相同的，在日本，極負盛名的植村教授也曾追蹤了1526位病患，於7.8年的追蹤期間，具有幽門螺旋桿菌感染人和沒有幽門螺旋桿菌感染人得到胃癌的機率，分別為2.9%與0%，有十分顯著的差異。可見，不論國內外，幽門螺旋桿菌感染都是導致胃癌的最主要原因。

　　最近，香港學者在中國福建常樂縣作了一項研究研究，發現在胃黏膜還沒有因慢性發炎產生萎縮前，便把幽門螺旋桿菌剷除，患者日後發生胃癌的機率幾乎是0%。

　　這個重要的研究告訴我們，胃癌是可以預防的，只要我們能早日根除這隻萬惡不赦的細菌。此外，值得注意的是，約有75%的胃淋巴癌的病患在接受幽門螺旋桿菌的除菌治療之後，淋巴癌會自然消失。

　　這種「除菌滅癌」的神奇療效在癌病治療史上，可以說是前無來者、獨一無二。也充分證實了幽門螺旋桿菌感染可以導致胃淋巴癌的產生。為了使胃癌在日本絕跡，也為了不讓幽門螺旋桿菌傳染給下一代，日本政府目前已全面給付受幽門螺旋桿菌感染之日本國民的全部除菌費用。

缺鐵性貧血

　　而除了潰瘍與癌症之外，幽門螺旋桿菌還可以經由破壞胃黏膜，造成胃壁的糜爛及出血，進而引起受感染者的缺鐵性貧血。因此，具有不明原因之缺鐵性貧血的患者，應該請醫生檢測自己的胃

內是否有幽門螺旋桿菌的存在。如果不幸有這隻細菌的感染，務必請醫師將之根除。事實上，目前在醫界，對不明原因的缺鐵性貧血患者進行幽門螺旋桿菌感染的檢測及治療，已逐漸形成共識。

近年來，許多研究更發現，胃腸壞菌乃是人體中產生慢性發炎物質的一大根源，因為壞菌及其毒素會進入血液中，循環全身，導致身體各處的血管壁及全身各組織的慢性發炎，可能進而誘發高血壓、心肌梗塞、腦中風、肥胖、糖尿病、癌症、阿茲海默症、頭痛、倦怠、關節炎、氣喘、紫斑症等各式各樣的疾病（參見P35圖2-1）。

牙周病會引發動脈硬化、缺血性心臟病

近來的研究發現，感染到幽門螺旋桿菌的人得到心肌梗塞的機會是未遭受感染者的2.1倍。同時與細菌感染有密切相關的牙周病最近也被證實與動脈硬化以及缺血性心臟病的產生有關。美國北卡羅來納大學貝克（Beck）教授曾進行一項涵蓋6017人的大規模研究，發現有重度牙周病者得到動脈粥狀硬化的機率是沒有牙周病者的2.1倍。

也許讀到這邊，你會覺得很納悶，口腔與胃腸道的細菌怎麼會跟高血壓、心臟病或肥胖等全身性疾病扯上關係呢？不過，如果你回過頭想想牙周病形成的過程，可能就會大徹大悟了。當我們飽食一頓大餐後，牙縫裡可能會卡一些小肉屑，如果我們沒有馬上用牙線剔掉或用牙刷把它們刷掉，不久就會有一些腐敗菌滋生在這些小肉屑上，腐敗菌會釋放出一些毒素，破壞牙齒及牙周黏膜的上皮

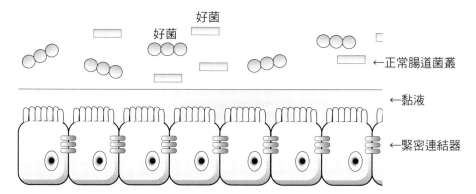

好菌

好菌

←正常腸道菌叢

←黏液

←緊密連結器

人體藉著正常腸道菌叢形成良好的保護網、腸上皮細胞分泌的黏液及上皮細胞間的緊密連結器，避免害菌及毒素的入侵。

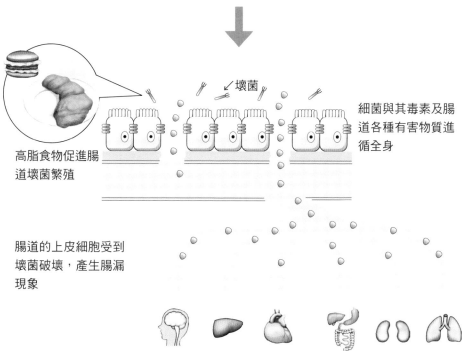

壞菌

高脂食物促進腸道壞菌繁殖

細菌與其毒素及腸道各種有害物質進循全身

腸道的上皮細胞受到壞菌破壞，產生腸漏現象

圖2-1

高脂食物會促進腸內壞菌大量繁殖，壞菌會壓抑正常腸道菌叢生長，放出毒素，破壞腸道上皮的緊密黏結器，導致腸漏現象，於是細菌以及細菌產生的毒素便可以長驅直入進入血流中，到達各器官，引起器官的慢性發炎。

細胞。如果衛生習慣不佳，經常有肉屑在牙縫中，滋生許多細菌，久而久之，牙齒上就會形成牙菌斑；同時當牙齒及牙齦上存在有大量細菌時，體內會派出許多白血球來清除這些細菌。在白血球與細菌進行大戰的過程中，白血球會釋放出大量的發炎物質（如過氧化氫、自由基、腫瘤壞死因子等）來殺菌。結果，雖然部分的細菌會被殺死，但在牙周的組織也常會遭受到魚池之殃，被白血球釋放出來的發炎物質及細菌毒素所破壞，引起牙齦的紅腫熱痛。

近來的研究還顯示，細菌所分泌的毒素（又稱為外毒素）、細菌細胞壁的碎片（又稱為內毒素）以及白血球產生的發炎物質，還可能會經由這些牙齦黏膜上皮的破損（口漏）處進入血流之中，落腳在一些血管內壁的內皮細胞上，進而引起血管內壁的發炎及破壞，造成血管破漏。

許醫師的叮嚀

細菌產生的毒素及白血球產生的發炎物質可以破壞口腔及胃腸道的上皮細胞，使上皮細胞彼此之間的緊密連結器（tight junction）被破壞，產生縫隙，引起口漏（oral leakage）、胃漏（gastric leakage）及腸漏（gut leakage）現象。破漏一旦產生，口腔及胃腸道細菌所分泌的毒素，便可能經由破漏處進入血流之中，引起全身血管壁的破漏及五臟六腑的慢性發炎，產生蝴蝶效應（參見P35圖2-1）。近來，已有研究證實，在動脈硬化患者的血管硬化斑塊中，可見到幽門螺旋桿菌的細胞壁碎片。

腸道壞菌是肥胖的源頭

近年來有許多研究證實，腸道壞菌可以引起肥胖。美國華盛頓大學的高登（Gordon）教授曾經培育了一群腸道內完全無菌的老鼠，並比較牠們與腸道內有細菌之一般老鼠的差別。結果發現：「無菌鼠」比「一般鼠」體內總脂肪含量少了40%。如果把體重正常之一般鼠腸道內的細菌移植到無菌鼠的腸道內，無菌鼠體內總脂肪量會增加起來。更有趣的是：如果把胖老鼠腸道內的細菌移植到無菌鼠，無菌鼠會增胖許多；相反的，如果把瘦老鼠腸道內的細菌移植到無菌鼠，無菌鼠反而會跟著變瘦（參見P38圖2-2）。

為什麼會有這樣的結果呢？原來正常的腸道上皮細胞可以分泌一種名叫菲亞啡（fasting-induced adipose factor；簡稱Fiaf）的物質到血流中，這是人體「管制脂肪細胞成長」的關鍵因子。當菲亞啡跟著血流循環全身時，可以阻斷體內的脂肪細胞從血中獲取脂肪酸，進而抑制脂肪細胞的壯大（參見P39圖2-3）。如果腸道的壞菌滋生，黑暗勢力崛起時，腸道上皮細胞會遭受破壞，分泌菲亞啡的能力也會跟著銳減，於是血液中抑制脂肪細胞成長的物質會變少，脂肪細胞因此可以恣意的從血中攝取大量脂肪酸，不斷成長，最後變成了巨大的胖脂肪細胞。

另外，許多研究還發現，腸道壞菌可以將人體原本無法消化的食物殘渣轉變成高熱量可吸收的脂肪酸，由腸道細胞吸收，進入人體，成為額外的養分，而使肥胖問題更雪上加霜。

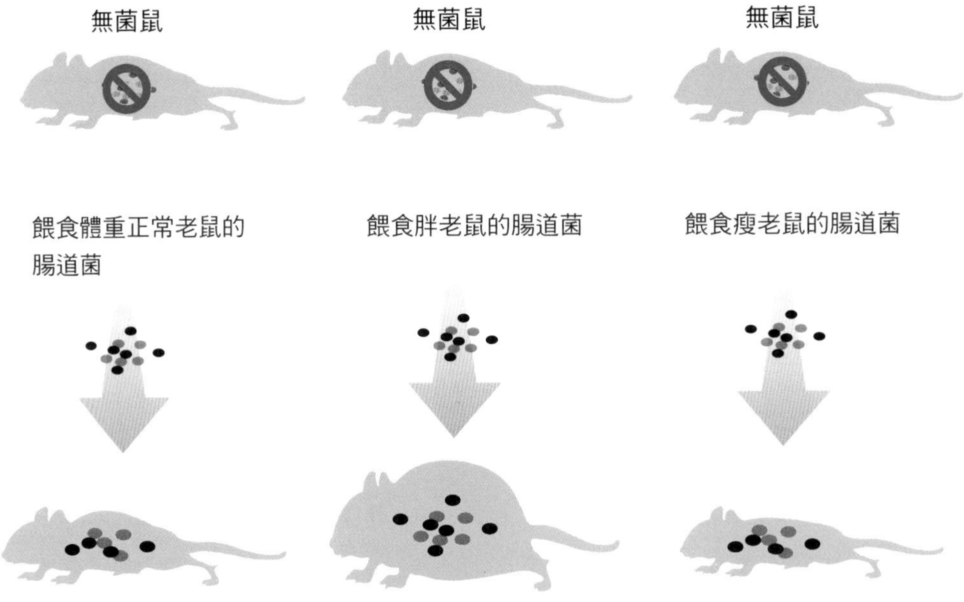

無菌鼠　　　　　　　　無菌鼠　　　　　　　　無菌鼠

餵食體重正常老鼠的　　餵食胖老鼠的腸道菌　　餵食瘦老鼠的腸道菌
腸道菌

體重正常　　　　　　　變成胖老鼠　　　　　　變成瘦老鼠

圖2-2
如果把瘦老鼠腸道內的細菌移植到無菌鼠，無菌鼠會變瘦。
如果把胖老鼠腸道內的細菌移植到無菌鼠，無菌鼠會變胖。

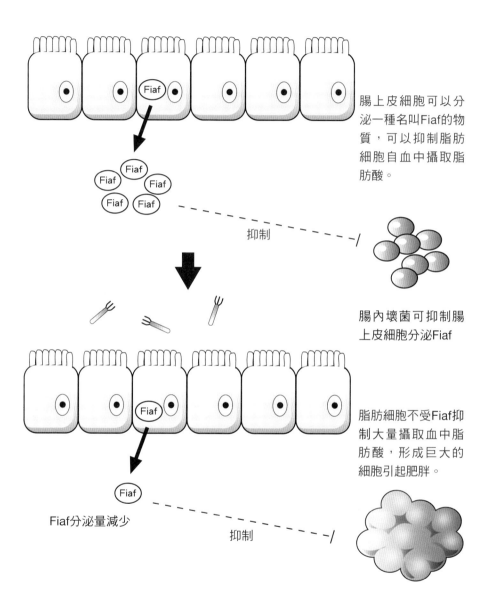

腸上皮細胞可以分泌一種名叫Fiaf的物質，可以抑制脂肪細胞自血中攝取脂肪酸。

抑制

腸內壞菌可抑制腸上皮細胞分泌Fiaf

脂肪細胞不受Fiaf抑制大量攝取血中脂肪酸，形成巨大的細胞引起肥胖。

Fiaf分泌量減少

抑制

圖2-3
腸內壞菌可以經由抑制腸上皮細胞分泌菲亞啡（Fiaf），造成脂肪細胞不受抑制，可以大量攝取脂肪酸引起肥胖。

糖尿病、脂肪肝的禍源

除了心血管疾病與肥胖以外，胃腸道的壞菌也與糖尿病及脂肪肝的形成脫不了關係。美國哥倫比亞大學公衛學院的吉恩（Jeon）教授曾經前瞻性的追蹤了768位拉丁美洲人長達十年，結果發現有幽門螺旋桿菌感染的人，日後產生糖尿病的機會是未感染的2.7倍。研究發現，腸內壞菌的細胞壁上有一種由脂多醣成分組成的內毒素（endotoxin），這種毒素在胃腸上皮，產生破漏現象時，會隨著血流到達五臟六腑，並吸引一種名叫巨噬細胞（macrophage）的白血球來清除毒素。

而巨噬細胞在清除這些內毒素時，會釋放出許多發炎物質。其中一種非常重要的發炎物質叫作「腫瘤壞死因子」。這個赫赫有名的發炎因子會破壞細胞膜上的「胰島素接受器」之功能，使其在接受胰島素後，無法有效地將血液中的葡萄糖帶入細胞中，供細胞使用，於是乎就產生所謂的胰島素抗性（insulin resistance；指胰島素無法產生正常的功能）。因此，我們由飲食攝入的葡萄糖便無法有效地被正常細胞利用，而被滯留在血中，因此造成血中的葡萄糖濃度大幅升高，有些甚至還會在流到腎臟時，被濾出到尿中，排出體外，導致所謂的糖尿病。

除此之外，巨噬細胞產生的腫瘤壞死因子還具有促進肝細胞內三酸甘油脂的生成的作用，會導致脂肪顆粒在肝細胞內堆積，引起脂肪肝的產生（參見P41圖2-4）。

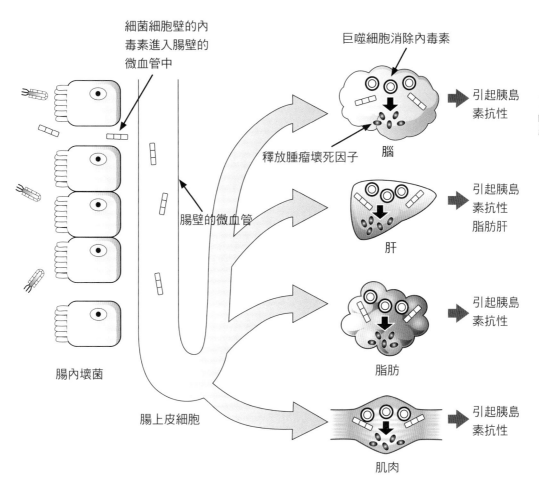

細菌細胞壁的內毒素進入腸壁的微血管中

巨噬細胞消除內毒素

腸內壞菌

腸壁的微血管

釋放腫瘤壞死因子

引起胰島素抗性

腦

引起胰島素抗性脂肪肝

肝

引起胰島素抗性

脂肪

腸上皮細胞

引起胰島素抗性

肌肉

圖2-4

腸內壞菌導致腸漏現象，細菌細胞壁的內毒素進入腸壁道內的微血管中，隨著血流到達身體肝、腦、脂肪、肌肉等各種器官，引起各種器官慢性發炎。體內一種名叫巨噬細胞的白血球在慢性發炎反應中可釋放出腫瘤壞死因子，這種物質可引起細胞表面之胰島素接受器的功能受損，無法於接受胰島素後將血糖帶入細胞，產生所謂的胰島素抗性，引起血糖增高，導致糖尿病。

消化道壞菌導致腦病變

在人體中，腸道壞菌是產生雙漏浩劫及全身性慢性發炎物質的主要根源。牠們除了自身可以產生毒素外，還可以分解食物殘渣，產生胺、硫化氫、引朵、腐肉素及神經鹼等毒物。這些細菌產生的毒素及分解食物產生的毒物，都會破壞胃腸道的上皮細胞，使上皮細胞彼此之間的緊密連結器被破壞，產生腸漏現象。

而一旦腸壁潰堤，產生破漏，不但腸壁血管內的營養物質會漏出，細菌產生的毒素及分解食物產生的毒物也會經破漏處進入血中，經由血液循環到達腦部，並造成腦部微血管破漏，進入腦組織中，影響腦部功能及造成腦部慢性發炎時，導致倦怠、憂鬱、失智、阿茲海默症及帕金森氏症（參見P35圖2-1）。

近來，美國國家健康總署貝瑙（Beydown）教授所領導的一項超過五千人的大型研究顯示，在美國的老年人口中，具幽門螺旋桿菌感染者的平均記憶能力較未感染者為低。而希臘愛麗斯托投大學依波拉迅醫院的康度拉斯（Kountouras）醫師的研究也發現，幽門螺旋桿菌感染是失智症的危險因子之一。

有關腸道壞菌引起腦神經病變的情形，在肝硬化的病人身上顯得格外明顯。肝臟是人體最重要的解毒工廠，可以分解掉大部分來自胃腸道的毒素。但是，如果肝臟有硬化，功能變差時，一旦病人有便祕導致毒素滯留或胃腸道的壞菌增多時，來自腸胃道的毒素便無法完全被肝臟分解，於是會滯留體內，並作用在腦部，引起患者動作遲滯、意識不清、甚至昏迷不醒的情形，這就是所謂的「肝昏迷」。（參見P43圖2-5）

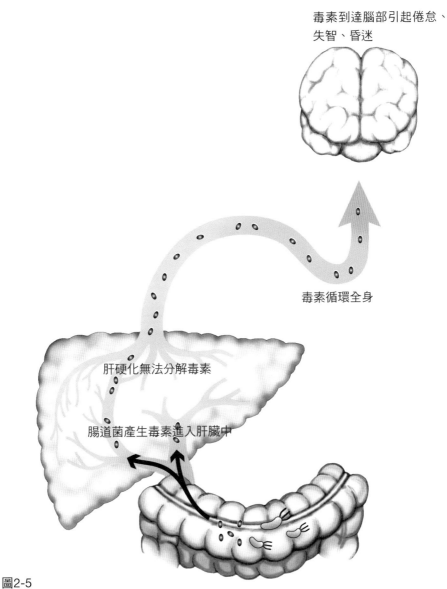

毒素到達腦部引起倦怠、失智、昏迷

毒素循環全身

肝硬化無法分解毒素

腸道菌產生毒素進入肝臟中

圖2-5
腸道細菌產生的毒素會經腸漏現象進入肝臟，肝雖可分解大部分毒素，但仍有部分毒素未被分解，隨著血流到達腦部，引起腦組織發炎，導致倦怠、失智。有肝硬化的人還可能因肝解毒功能過差，許多毒素未被分解，進入血液中，到達腦部而產生肝昏迷。

消化道壞菌與癌症的產生

某些微生物可以引起癌症的產生，已是眾所週知的事，不過在現在已知的數百萬種微生物中，只有十種被世界衛生組織所屬的國際癌症研究中心（International Agency For Cancer Research）認定為確定的致癌因子。其中，幽門螺旋桿菌（可引起胃癌及胃淋巴癌）、B型及C型肝炎病毒（可引起肝癌）、人類乳突病毒（可引起子宮頸癌）是造成全球20%癌症的原因。

近年來，還有一些研究顯示：腸毒性鬆脆類桿菌（Enterotoxigenic Bacteroid Fragilis）可能可以引發大腸癌的產生，傷寒桿菌（Salmonella typhi）感染可能導致膽囊癌。另外，美國加州大衛基芬醫學院的法瑞（James J Farrel）教授發現，口腔中的毗鄰顆粒鏈菌（Granulicatella Adiacens）與牙周病及胰臟癌的產生有關。

究竟消化道裡面的細菌是如何造成癌症的呢？ 就幽門螺旋桿菌而言，目前已經知道地可釋放毒素，破壞胃表皮細胞，造成慢性胃炎及胃壁萎縮，最後導致胃癌。至於口腔及腸道細菌是否真能引起大腸癌及消化道以外的癌症，仍有待進一步的研究來釐清。

獵殺幽門螺旋桿菌治癒紫斑症

好的胃腸細菌是人體免疫系統的訓練師，可使免疫系統不斷進化升級；相反的，壞的胃腸細菌會使免疫系統產生錯亂。許多研究顯示，消化道的壞菌與氣喘、類風濕性關節炎及免疫性血小板減少紫斑症等自體免疫性疾病的發生有關。其中，最膾炙人口的要算是

幽門螺旋桿菌與紫斑症的因果關係。

　　免疫性血小板減少紫斑症是一種十分少見的可怕疾病，患者的血中會莫名奇妙地產生許多破壞血小板的抗體，導致病人的血小板大量減少，因此全身許多地方會出血，同時皮膚上常可見到許多出血性紫色瘀斑，故稱為「紫斑症」。

　　過去，醫界不明白其發生原因。直到西元1998年，義大利天主教大學附屬醫院加斯巴利尼（Gasbarrini）醫師福至心靈的想到，幽門螺旋桿菌感染可能是引起產生破壞血小板抗體的罪魁禍首，於是幫一位具有幽門螺旋桿菌感染的免疫性血小板減少紫斑症患者作除菌治療，並觀察血小板數目的變化。

　　果真發現，這位患者的血小板數目於除菌後回升到正常，紫斑症也因此康復了。從此以後，各國醫師群起效尤，藉除菌來治療免疫性血小板減少紫斑症。結果約有一半的紫斑症患者於除菌治療後，病情獲得良好改善。因此，目前獵殺幽門螺旋桿菌感染已成為醫界治療這種怪病的標準方法了。（參見P46圖2-6）

何處是「毒家」

　　為何細菌毒素或經食物攝入人體的毒素，會在身上某些特定器官產生嚴重的慢性發炎或癌症呢？目前，這問題仍是個謎。不過合理的解釋是，每個人的各個器官中都有一些部位之血管的血液流動較為緩慢（如動脈的轉彎處及狹窄處〔參見P47圖2-7〕），或血管

內壁有先天或後天性（如受撞擊）的結構損壞，因此較容易沉積各種毒素，引起該部位的慢性發炎。

這些部位長期下來，可能產生功能衰退或癌病變。此外，消化道中，有括約肌存在的部位（如賁門、幽門、小腸末端及肛門）及有先天性異常或後天性損壞（如車禍導致之血管及組織傷害）的部位，也是較容易引起各種毒素沉積，造成慢性發炎的地方。（參見P48圖2-8）

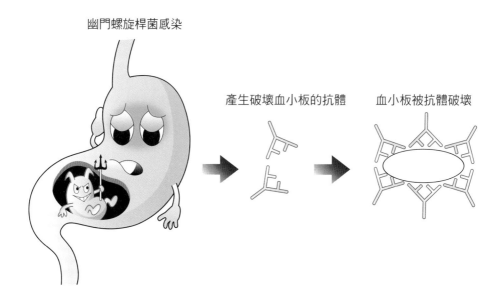

圖2-6
幽門螺旋桿菌感染可能導致人體免疫系統錯亂，產生破壞血小板的抗體，導致感染者的血小板被破壞，使全身皮膚容易出血，產生血性瘀斑引起紫斑症。

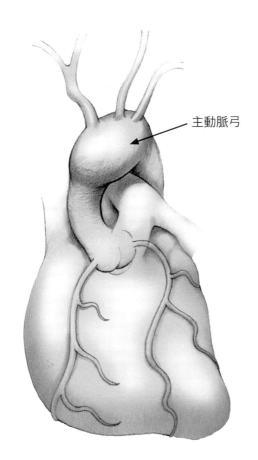

主動脈弓

圖2-7

「主動脈弓」是主動脈轉折處，易受血流強力撞擊，同時血流會因轉折而流速減慢，導致毒素易滯留，是動脈易慢性發炎及硬化的地方。

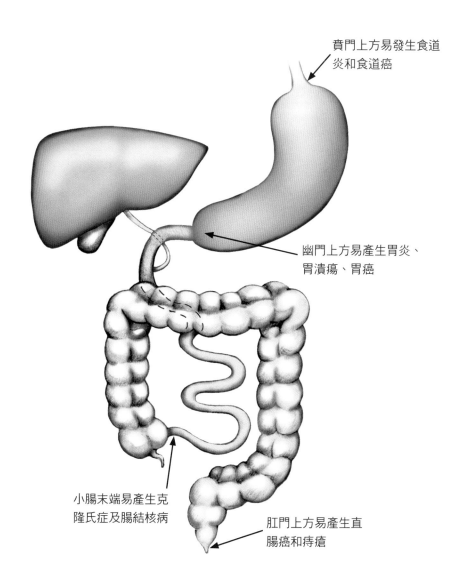

賁門上方易發生食道
炎和食道癌

幽門上方易產生胃炎、
胃潰瘍、胃癌

小腸末端易產生克
隆氏症及腸結核病

肛門上方易產生直
腸癌和痔瘡

圖2-8
消化道中的賁門、幽門、小腸末端及肛門，因存在有括約肌較容
易引起食物停滯及各種毒素沉積，造成慢性發炎。

如何驅劣菌、養好菌

目前根除幽門螺旋桿菌,全球除菌率最高的是「混合療法」(Hybrid therapy)。這個新的治療方式是由我與高醫吳登強及吳政毅教授、與美國貝勒醫學院大衛·葛蘭漢教授,共同在 2010 年所發明的,除菌率達到 97%。

　　由前二章節的說明，相信你已經充分了解消化道內的壞菌可以說是危害健康的萬惡之首。如果你的口腔及胃腸道內充滿著壞菌，就像交了一群壞朋友，身體必然容易產生口臭、牙周病、肥胖、糖尿病、高血壓、中風、失智、癌症、氣喘、紫斑症等大大小小的問題。我們想要擁有健康、亮麗的人生，就必須結交好朋友，使自己從「口腔」到「肛門」都充滿著益菌，讓這些好朋友擔任你維護健康的「神奇寶貝」，抑制你的腸道壞菌，增強你的免疫力，製造足夠的維生素供你使用，並協助你降低血脂及增強胃腸蠕動力，幫助你打贏這場健康大戰，遠離疾病之苦。

　　在這攸關生死存活的健康大戰裡，你必須有一個非常重要的體認，也就是：你自己是大戰的三軍統帥，必須運籌帷幄，掌握生機、殲滅所有壞菌。以下，就讓我這位總指揮官，提供你一套完整而珍貴的必勝方案吧！

消除口腔壞菌的必勝方案

　　消除口腔壞菌可以避免蛀牙、牙周病以及口臭，並避免口腔細菌進入血液引起的健康大崩盤。在日常生活中，「口臭」是一個相當常見而不容忽視的健康與社交問題，不但影響一個人的自尊心與自信心，往往更危及一個人的生活、工作與婚姻。在社交場合中，口氣不好常讓自己和周遭的人都成為受害者。即便是面貌姣好、身材誘人的漂亮寶貝，如果有口臭的問題，也往往會令人「聞」之生畏。

臨床上，約有九成的口臭是由於口腔內的壞菌在搞怪，如果你是「有口難言」的「噴火龍」，或飽受蛀牙及牙周病之苦的「無齒之徒」，請試試以下的一些教戰準則吧，相信它們會讓你打敗口臭，重拾口腔健康：

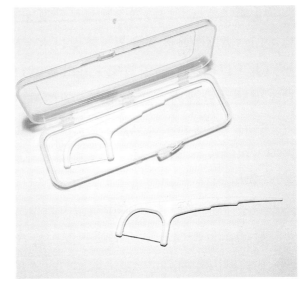

①飯後立即刷牙，並用牙刷輕輕刷掉舌後根的黏液，同時用牙線去除齒縫間的食物殘渣，使口中的細菌「巧婦難為無米之炊」。

②早上起床後，清一下喉嚨，特別注意，要把前一晚從鼻子流到鼻咽及喉咽部的分泌物咳出，因為它們可能成為口中壞菌的大餐。

③用開水、綠茶或紅茶取代咖啡、酒精或含糖飲料。許多研究顯示，茶葉中的多酚類物質可以抑制細菌生長，並減少口臭。

④使用含有抑菌作用的漱口水漱口，比如酚類物質可以抑制細菌生長，並減少口臭。市售的許多漱口水都含有抑菌物質，如克羅赫絲定（chlorhexidine，寶馬生漱口水）及氟化鈉（sodium fluoride，歐樂B漱口水），可抑制細菌生長。

具有口臭的人，可於晨起時及三餐飯後，使用漱口藥水漱口，

以防止飯後及夜間口腔微生物滋生及氣味的堆積。必須注意的是：以漱口水漱口時，**頭要仰起，讓漱口水至少停留在舌後根及喉咽30秒以上，以增強其抑菌效果。在吐掉漱口水後，不要再用清水漱口；同時30分鐘內，請勿飲食。**使用漱口水時，須注意其抑菌成分，含有酒精（alcohol）或三氯生（triclosan）的漱口水，具有致癌疑慮，可能較不適合長期使用。而含有克羅赫絲定的漱口水，抑菌效果雖然很強，但用久了，可能在舌頭上產生暫時性的色素沉著，所以不妨在使用一週後，停用三週，而後再視口臭情形使用。

⑤ 使用「潔口片」。市售的潔口片含有尤佳利及薄荷腦等物質，可抑制口腔細菌的生長，增加口齒清香，減少口臭。

⑥ 常嚼口香糖。口香糖可促進唾液分泌，沖刷細菌，降低口臭。

⑦ 多喝開水。特別是在睡前及起床後喝一杯開水，可以保持睡覺前後口腔濕潤度，並達到沖洗食物殘渣及細菌的效果。

⑧ 使用含有抑生菌的牙膏刷牙，如雲南白藥益生菌牙膏。

⑨ 避免使用抗組織胺、安眠藥、抗乙醯膽鹼製劑等，這些藥品會抑制唾液分泌。

⑩ 生活規律，不要熬夜，養成適當運動的習慣，以避免自主神經失調。

⑪ 定期找牙醫師徹底清潔口腔及舌面，並治療牙周病、齲齒，以減少食物殘渣堆積。

⑫ 找胃腸科醫師開立一週的除菌處方，獵殺口腔壞菌，並排除鼻竇炎、食道逆流疾病、肝病、腎衰竭、糖尿病或癌症。

消除胃部壞菌的必勝方案

　　許多人可能不知道，台灣人體內幽門螺旋桿菌的盛行率曾高達54%。也就是說約有一半的人終日「與蟲共舞」而渾然不知。雖然，近年來盛行率已有些下降，但受感染者還是相當多。部分慈悲為懷的學者認為沒有造成臨床疾病的幽門螺旋桿菌不必趕盡殺絕，但事實上，胃內若有幽門螺旋桿菌，應該殺無赦；因為只有「死的幽門螺旋桿菌」才是「好的幽門螺旋桿菌」，等到幽門螺旋桿菌產生胃癌才將之根除，實非明智之舉。此外，惟有將幽門螺旋桿菌根除，才不致將疾病傳染給下一代。世界衛生組織已明確指出，幽門螺旋桿菌是一種一級致癌因子。因此，一旦感染到這隻細菌，一定要把它殺掉，以絕後患。

如何根除幽門螺旋桿菌

　　在做幽門螺旋桿菌除菌治療時，必須特別注意的是：除菌宜一次到位，應選擇具有95%以上除菌率的滅菌處方。目前國內醫師最常使用的除菌處方是所謂的「三合療法」，也就是使用一種質子幫浦抑制劑（如耐賜恩、洛酸克、泰克胃通、治潰樂、百抑潰），再加上兩種抗生素，比如安莫克西林（amoxicillin）和開羅理黴素（clarithromycin），治療七天。這樣的治療或許在二十年前還可以達到90%以上的除菌率。但近十年來，因為細菌抗藥性的大幅增加，除菌率已下降至73%。也就是說，失敗率約四分之一，治療品質不佳，實應摒棄不用。

目前，全球除菌率最高，而且是台灣健保可給付滅菌處方是「混合療法」（Hybrid therapy）。這個新的治療方式是由我與高醫吳登強及吳政毅教授、與美國貝勒醫學院大衛·葛蘭漢教授，共同在2010年所發明的，使用質子幫浦抑制劑（如百抑潰、泰克胃通、耐賜恩、治潰樂等）與安莫克西林（amoxicillin）治療14天，同時在治療的前7天，或後7天，加上開羅理黴素（clarithromycin）及甲硝達唑（metronidazole）除菌，藉著三種抗生素間的互補作用，可以有效獵殺具抗藥性的幽門螺旋桿菌，使除菌率達到97%。

一般幽門螺旋桿菌的除菌費用，約台幣1200元。目前，國內健保局因財力有限，只有在胃潰瘍、十二指腸潰瘍、胃癌以及胃淋巴瘤的病患，合併幽門螺旋桿菌感染時，才給付除菌。對於只有慢性胃炎或沒有症狀的帶原者，是不給付除菌費的。基於個人健康保健及預防疾病傳染給家人的考量，我建議受感染而健保不給付除菌費用的朋友應花點小錢，自費根除這個極其可惡的惡菌。因為我深深

台灣全民健保給付各種幽門螺旋桿菌除菌處方的療效

治療方法	療程	除菌率
三合療法	（質子幫浦抑制劑＋安莫克西林＋開羅理黴素）× 7 天	73%
共伴療法	（質子幫浦抑制劑＋安莫克西林＋開羅理黴素＋甲硝達唑）× 7 天	93%
混合療法	（質子幫浦抑制劑＋安莫克西林）X 14 天＋（開羅理黴素＋甲硝達唑）× 7 天	97%

覺得幽門螺旋桿菌對人類健康的為害，就猶如烈日對皮膚的傷害一樣，深切而長久。護膚專家常說美白的第一步就是防曬，在此我要大聲疾呼，護胃的第一步就是獵殺幽門螺旋桿菌。

消除腸道壞菌的必勝方案

培養腸內好菌可以預防腸道發炎及大腸癌的產生，同時可以減少肥胖、頭痛、筋骨酸痛、高血壓、糖尿病、心臟病、中風、失智症與過敏性疾病的發生。要培養腸內好菌可從以下三方面著手：

一、多吃高纖食物

近來有愈來愈多的研究顯示，飲食是人體內腸道菌種的關鍵決定者。比利時魯文大學的肯尼‧派萃斯（Patrice D. Cani）博士發現，高脂性食物會使老鼠腸道內格蘭氏陰性的腐敗菌增加，造成慢性代謝性內毒血症，最後引發老鼠的肥胖及糖尿病。

哈佛大學的大衛‧羅倫斯（Lawrence A. David）教授更進一步探討飲食對人類腸道菌叢種類的影響，在2014年的《自然》（Nature）科學期刊發表了一個劃時代的重要實驗。大衛‧羅倫斯教授把志願者分作兩組，一組給予五天富含油脂與蛋白質的動物性食物（主要含肉、蛋和起司）；另一組則給予五天富含纖維的植物性食物（主要含穀類、豆類、蔬菜和水果），並收集每位志願者的每日糞便，作菌叢分析。結果發現：在研究期間，吃植物性食物的

志願者的腸道菌叢並沒有明顯變化，但吃動物性食物的志願者在第二天腸道菌叢的種類就出現了重大的改變，許多喜好膽酸的細菌（如Alistipes, Bilophila, Bacteroid）突然大量增多起來；相反的，喜好膳食纖維的細菌（如Roseburia, Eubacterium rectale, Ruminococcus bromii等Firmicutes）數量銳減。在停止吃動物性食物、回復正常飲食後，吃動物性食物志願者腸道內的菌叢的種類又恢復至受試前的狀態。

　　仔細分析顯示：在受試期間，吃動物性食物的志願者所吃的食物，較其原先的飲食脂肪的含量增加了約一倍（從33%增加至70%），而脂肪在進入人體後，會刺激膽酸的分泌，這可能是受試者改變飲食後喜好膽酸之細菌增加的主因。

　　而由一些動物實驗，我們得知膽酸可以促進老鼠腸道內一群叫嗜膽汁菌（Bilophila）的細菌之生長，這類細菌可以還原食物中的硫化物為硫化氫，進而誘發發炎性腸道疾病的產生。由於慢性腸道發炎是大腸癌產生的重要原因，所以少吃動物性脂肪，以減少肝臟分泌膽酸及腸道中嗜膽汁菌（Bilophila）的生長，是預防大腸癌發生的好方法。

　　在日常生活中，事實上我們可以藉「改變飲食」來「雕塑我們的腸內菌」，進而翻轉我們的人生。哈佛大學的卡默地·雷切爾（Camody N. Rachel）教授的動物實驗證實了這個可能。他先以高油及高糖的食物餵食老鼠，腸內壞菌增加了；約3.5天後，達到了穩定狀態。而後他又改以低油高纖的食物餵食老鼠，結果腸內菌種又轉變成好菌。同樣的，約3.5天後，好菌達到穩定狀態。如果再改以高

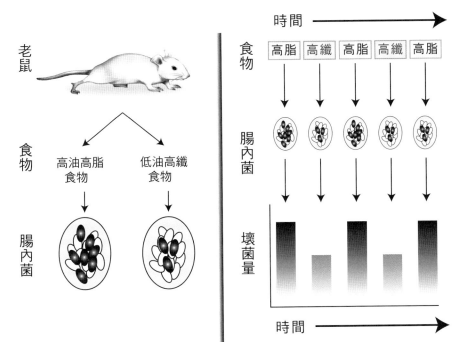

飲食可改變腸內菌　　　　腸內菌的改變是可逆的

圖3-1

卡默地‧雷切爾以高油高糖的食物餵食老鼠,腸內好菌增加了,約3.5天後達到了穩定狀態。若改以低油高纖的食物餵食老鼠,腸內菌種又會轉變成好菌,並於3.5天後達到穩定狀態。如果再改以高油高糖的食物餵食老鼠,腸內壞菌又增加起來。由反覆的驗證,發現「食物」是決定老鼠腸內菌好壞的關鍵因素。

油及高糖的食物餵食老鼠，腸內壞菌的黑暗勢力又高張起來，好菌黯淡無光。由反覆的驗證，發現不管老鼠的品種為何，「食物」都是決定老鼠腸內菌好壞的關鍵因素。

由肯尼・派萃斯博士、大衛・羅倫斯與卡默地・雷切爾教授的重要研究，我們可以勾勒出高脂性食物與疾病發生的系列性變化：
高脂性食物 → 引起膽酸分泌增加 → 造成腸道壞菌增多 → 產生毒素引起腸漏現象 → 壞菌產生的毒素及其細胞壁的內毒素進入血中 → 引起身體多處產生血管漏 → 導致全身性的器官慢性發炎 → 產生肥

常用食物的膳食纖維含量分類表（以100公克計）

	小於2公克	2至3公克	大於3公克
全穀根莖類	白飯（0.6）、油麵（1.1）、饅頭（1.1）、拉麵（1.3）、馬鈴薯（1.3）、薏仁（1.8）	荸薺（2.1）、小米（2.2）、甘薯（2.4）、芋頭（2.6）、胚芽米（2.8）、白土司（3）	玉米（3.7）、糙米（4）、全麥土司（4.2）、燕麥（4.7）、蓮子（8）、小麥（11.3）、綠豆（15.8）、紅豆（18.5）、花豆（19.3）
豆類	豆腐（0.6）、豆腐皮（0.6）		小方豆干（3.3）、毛豆（8.7）、黃豆（14.8）、黑豆（22.4）
蔬菜類	絲瓜（1）、番茄（1）、高麗菜（1.1）、冬瓜（1.1）、洋蔥（1.3）、小白菜（1.3）、蘆筍（1.3）、芹菜（1.4）、油菜（1.6）、芥蘭（1.9）、菠菜（1.9）	花椰菜（2）、筊白筍（2.1）、鮮草菇（2.1）、茄子（2.2）、金針菇（2.3）、韭菜（2.4）、空心菜（2.5）、玉米（2.6）、黃豆芽（2.7）、青椒（3）	杏鮑菇（3.1）、苦瓜（3.2）、豌豆莢（3.2）、甘薯葉（3.3）、黃秋葵（3.7）、鮮香菇（3.8）、銀耳（5.1）、木耳（7.4）

胖、糖尿病、高血壓、心臟
病、腦中風、失智、氣喘、
關節炎及癌症。

其實培養腸道內益菌很
簡單，不一定需要花大錢買
各式各樣的營養食品，只要
每天攝取25公克以上的膳食
纖維，自然能讓你的腸內好

	小於2公克	2至3公克	大於3公克
水果類	西瓜（0.3）、美濃瓜（0.5）、香瓜（0.6）、哈蜜瓜（0.7）、荔枝（0.8）、蓮霧（0.8）、水梨（1）、鳳梨（1.1）、葡萄柚（1.1）、芒果（1.2）、楊桃（1.3）、文旦（1.3）、櫻桃（1.3）、木瓜（1.4）、蘋果（1.5）、聖女小番茄（1.5）、香蕉（1.6）、李子（1.7）、水蜜桃（1.7）、草莓（1.8）、龍眼（1.8）	海梨（2）、柳丁（2.1）、西洋梨（2.1）、香吉士（2.2）、脆桃（2.5）、奇異果（2.7）、釋迦（2.7）	芭樂（3.6）、酪梨（3.8）、榴槤（3.8）、百香果（5.3）、紅棗（7.7）、黑棗（10.8）
堅果及種子類			松子（4.2）、腰果（5）、核桃粒（6.2）、花生（7.7）、杏仁果（9.8）、開心果（13.6）、黑芝麻（14）、山粉圓（57.9）

資料來源：衛生福利部食品營養成分資料庫2016年版。

菌子孫滿堂，而且個個頭好壯壯，為你守護健康。

　　如何才能攝取到每天25公克以上的膳食纖維呢？其實食物中的膳食纖維來源還真不少，如五穀、麥片、蔬菜、水果、豆類、薯類及菇類，都含有非常豐富的膳食纖維，只是現代人的飲食講究精緻美食，吃飯時愛吃精緻白米，捨棄了含大量纖維的五穀米和番薯飯；吃菜時又喜好大魚大肉，少吃青菜、豆類，同時在用餐後，也很少吃水果，甚至有些人喜好以果汁、甜點取代餐後水果。這種愚笨的行為還真是可憐，把上帝的恩賜隨意丟棄。

 營養師的健康叮嚀

　　要達到膳食纖維每日建議攝取量25克，這樣吃：

　　1.三餐主食改吃全穀雜糧，可吃到12克的膳食纖維。

　　2.每餐至少要吃半碗蔬菜，就可攝取9克的膳食纖維。半碗煮熟蔬菜為一份，一天吃至少三份，就可以攝取9克的膳食纖維。

　　3.每天吃三份的水果，可攝取9克的膳食纖維。一份水果約是一個柳丁的大小，或是水果切塊為飯碗的八分滿。

　　建議每日約25~35公克的膳食纖維最為恰當，由食物中獲取足夠的膳食纖維並不難，只要從日常生活中養成的良好的飲食習慣，主食改為糙米飯，每天攝取三份蔬菜及三份水果，就可以達到一日需要量了。

事實上，每天攝取25公克以上的膳食纖維並不難，只要你三餐所吃的主食是糙米飯、五穀米飯、麥片、番薯飯或全穀麵包，中餐及晚餐至少各吃二份蔬菜、豆類或菇類食物，同時三餐飯後能吃點水果，自然能輕易攝取到十分足量的膳食纖維，提供守護你腸道健康的好菌充裕的食糧。

增加膳食纖維攝取的小技巧

1.以全穀類代替精製穀類：應多用胚芽米、糙米、全麥及五穀雜糧等代替精白米、麥，以增加膳食纖維的攝取量，如以五穀雜糧飯代替白米飯，地瓜稀飯或雜糧稀飯代替白稀飯，選擇全麥麵包、全麥饅頭代替白吐司、白饅頭。但在選購全麥製品時須注意並非顏色是咖啡色的就是全麥製品，全麥或添加麩皮的製品，一般質感會比較粗糙。

2.以豆類代替肉類並攝取整粒豆類：國人飲食中蛋白質攝取大多來自肉類，以豆類來取代部分的肉類，既可增加膳食纖維的攝取，亦可降低動物脂肪的攝取。對於豆類的攝取以豆腐、豆乾等豆製品攝食的較多，但要獲得豆類的營養及膳食纖維最好能夠增加整粒豆類，如黃豆、毛豆、黑豆的攝取。

3.增加蔬菜的攝取：每人每天至少吃半斤蔬菜，平均一餐約為100公克（1份），煮熟

約為半碗。同時要吃菜葉及菜梗的部位，不要吐菜渣。在家中烹調或在外用餐時，都要注意蔬菜的量，可多選用以蔬菜為配菜的半葷菜。例如三菜一湯時，有一道菜必定為蔬菜，一道全葷，一道半葷菜。

4.攝取水果，不以果汁代替：水果中含有豐富的膳食纖維，尤其是水溶性的。一天至少兩份水果，一份約為1顆柳丁大小，牙齒不好可切小塊，不要用果汁代替，若以果汁代替時，最好不濾渣。

二、少吃「紅肉」及「油炸食品」

腸內壞菌喜歡吃「脂肪」，所以減少脂肪攝取是切斷腸內壞菌糧食補給的不二法門。但是，脂肪是人類生長發育、維持健康的必要營養素，也不能欠缺。最好的方式是每天攝取適量的好油，也就

 許醫師的叮嚀

豬肉、牛肉、羊肉等紅肉，除了會餵養腸內壞菌外，其內還富含肉鹼（carnitine），肉鹼進入腸道後，可被腸道內的細菌代謝成三甲胺進入人體。而後三甲胺在肝臟會轉化氧化三甲胺（TMAO），釋放入血流中，進入身體各個器官。氧化三甲胺是引起心血管疾病的危險分子，具有促進膽固醇沉積於血管壁的作用。喜好吃紅肉的人，血管壁會因膽固醇的沉積而愈來愈狹窄，最後引起高血壓、心肌梗塞及腦中風。

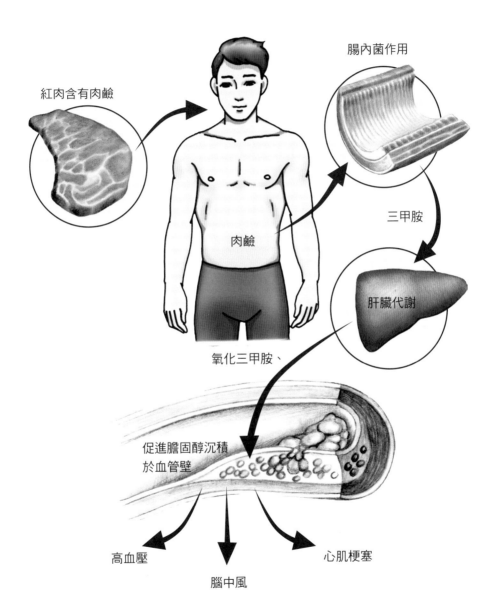

紅肉含有肉鹼

腸內菌作用

肉鹼

三甲胺

氧化三甲胺、

肝臟代謝

促進膽固醇沉積
於血管壁

高血壓

腦中風

心肌梗塞

是約40公克的好油脂。所謂「好油」是富含不飽和脂肪酸的油，主要存在於豆類、堅果、植物油、魚肉及家禽肉中。而所謂「壞油」是指富含飽和脂肪酸的油，主要存在於紅肉中，如豬肉、牛肉及羊肉。

三、補充「益生菌」及「寡醣」

生活在城市裡的上班族工作忙碌，經常吃外食，常無法攝取到

許醫師的叮嚀

近來的一些研究發現，大便裡藏有黃金！也就是能治病的「腸道菌叢」。目前，國際上已有醫師使用「糞便移植」來治療頑固性的偽膜性大腸炎。此病常肇因於使用抗生素之後，腸內好菌受到傷害，大量死傷。因此屬於壞菌的艱難梭菌（Clostridium difficile）便趁機而起，大量增殖，造成嚴重腸炎，並引起腹瀉、發燒與腹痛。荷蘭阿姆斯特丹大學的艾爾凡・努德（Els van Nood）教授發現用最後一線的萬古黴素來治療頑固性的偽膜性大腸炎，成功率僅三成；但若改用糞便移植治療，將含「正常人腸道菌叢」的糞便經由鼻腸管灌入腸道中，藉以趕走壞菌，治療成功率可達九成，比抗生素治療要高出許多。其實，中國早在東晉時期，葛洪《肘後備急方》中便曾記載，用人糞治療食物中毒、腹瀉、發熱及瀕臨死亡的患者，「飲糞汁一升，即活」。李時珍《本草綱目》也曾記載了二十多種用人糞治病的療方。不過，目前糞便移植畢竟只是一種治病的方法，要以此法來作養生保健，實在有點噁心，而且其安全性仍有待確認。

足量的膳食纖維，增進腸內益菌的生長。遇到這種情形，可以直接補充益生菌或寡醣，以增加腸內益菌。

外來的益菌像傭兵，與腸內原本存在的益菌協同作戰，可以抑制腸內壞菌的生長。補充益生菌的方式有二大類：一是直接吃益生菌藥丸，如表飛鳴、若元錠、阿德比膠囊、摩舒益多、葡萄王康兒乳酸菌、台塑舒暢益生菌等；優點是簡單方便，不會攝取到乳糖等營養素。另一大類是喝優酪乳，優點是美味可口，小孩較喜歡，缺點是含有較多乳糖及蛋白質，喝太多可能發胖。

不論是吃益生菌膠囊或喝優酪乳，內含的益生菌多為嗜酸性乳酸菌（Lactobacillus Acidophilus，即一般所謂的A菌）及比菲德氏菌（Bifidus，即一般所謂的B菌，又稱雙歧桿菌），這些外籍傭兵，

較無法在我們的腸道裡長期定居，只能在腸道內生存3至5天，因此常需每天補充。攝取益生菌的時間最好在飯後，胃部酸度較低的時候，以免胃酸不分青紅皂白，把益生菌消滅殆盡。此外，寡醣是腸內益菌的天生絕配，它是由4到10個單醣類分子組成，例如：果寡醣、大豆寡醣、木寡醣，富含在蔬果中，如毛豆、番薯、花椰菜、洋蔥、蘆筍、海帶、木瓜，不會被人類腸道所消化吸收，但卻是腸內益菌的最愛，可以促進腸內益菌的增長，不妨適量攝取。而有些益生菌商品，同時添加了寡醣，如台糖的「寡醣乳酸菌」添加了果寡醣、統一的「六效乳酸菌」添加了木寡醣，可以更為有效地增加腸道的防衛部隊的菌數。

隱身在食物中的致癌物

食物中的致癌物可分為四類：第一類是食物本身的毒素。第二類則是因為生長、保存及製作過程污染到的毒素。第三類是烹調不當產生的毒素。第四類是容器與餐具產生的毒素。

　　近年來，癌症始終名列台灣十大死因的第一位，平均每四個人之中，至少就會有一位罹患癌症。世界衛生組織（WHO）所屬的國際癌症研究中心（IARC）曾於2015年10月26日發佈了一項報告，將熱狗、香腸、火腿和漢堡等「加工肉品」列為與香煙、石棉同一等級的一級致癌物（即確定的致癌物）；並將牛肉、豬肉、羊肉等紅肉列為二A級致癌物（即可能的致癌物[probably carcinogenic agent]）。此舉引起了肉品供應商及家畜養殖業的強烈抗議，同時也造成了全球民眾的恐慌與震撼。

　　而國際癌症研究中心之所以將加工肉品列為一級致癌物，主要是因為加工肉品在防腐、增色的過程中，常會添加一些化學物質，如亞硝酸塩；另外在煙燻、醃製的過程，常會產生一些致癌性的化學物質，導致癌症的產生。由該組織的研究發現，每天攝取50公克的加工肉，將使罹患大腸癌的風險提高18%。而紅肉則可能在高溫油炸的過程中（如在150度高溫烹煮2分鐘以上），會產生多環芳香烴與異環胺等致癌物，有礙人體健康。

　　事實上，大部分的癌症是可以預防的，如果我們能清楚地了解致癌因子存在於何處，避免攝入這些致癌物，並不沾染抽煙、酗酒、吃檳榔的壞習慣，就可以輕易地避免掉70%以上的罹癌機會。以下將告訴你有哪些致癌物隱身在你的三餐之中。

食物中的四大致癌物

　　食物中的致癌物可分為四類：第一類是食物本身的毒素（如酒精、檳榔）。第二類則是因為生長（如農藥污染、重金屬）、保存（如黃麴毒素污染）及製作過程（如食品添加物）污染到的毒素。第三類是烹調不當產生的毒素（如多環芳香碳氫化合物）。第四類是容器與餐具（如保麗龍餐具）產生的毒素。

食物本身的毒素

　　有些食物本身就潛藏著一些毒素會危害健康，例如多年前發生在台灣的「減肥菜事件」，許多愛美的女性因生吃減肥菜，攝取了過多減肥菜中的毒素，而造成肺纖維化，導致呼吸衰竭，甚至死亡。

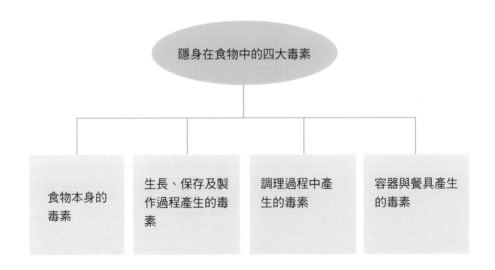

酒精

　　目前,一般人最常接觸到的食物毒素大概是酒精。喜好杯中物的朋友常說:「喝酒可以預防心血管疾病。」這個說法是源自所謂的「法國奇蹟(French paradox)」。在法國南部地區的居民喜愛吃肉及高油脂的食物,但他們得到心血管疾病的機率卻比較少。一些研究顯示,這可能與當地居民每天喜好喝一些(約5~10公克)紅葡萄酒有關。事實上,喝紅葡萄酒的健康保護作用並非來自酒精,而是來自紅葡萄酒中的酚類核黃素、茶兒酚等抗氧化物質。原則上,一個人每天攝取的酒精量應小於14公克(約100C.C、酒精濃度14%的葡萄酒)。若超過此一限制量,就可能會引起全身性的傷害,如脂肪肝、肝炎、肝硬化及腦病變,此外罹癌率也可能上升。

 許醫師的叮嚀

　　小酌紅酒可預防心血管疾病的理論一直深受酒客們的青睞,但是到底一天喝多少酒才算小酌,不致危害健康呢?

　　依據最新(2015年版)美國飲食指南的建議,因為酒精代謝能力有所的不同,女性每天酒精攝取量應在14公克以下,男性每天酒精攝取量應在28公克以下,才不致危害健康。以此標準,紅酒的酒精濃度約14%,女性一天最多只能攝取100 C.C.;啤酒的酒精濃度約4.5%,一天最多能喝311 C.C.;保利達P酒精濃度約10%,一天最多能喝140 C.C.;至於XO的酒精濃度約40%,則一天最多能攝取35 C.C.。

研究顯示，有喝酒習慣的人得到口腔癌、咽癌、喉癌、食道癌及肝癌的機率都比一般人高。主要的原因包括：一、酒精在人體代謝後會產生乙醛，這是一種可能的致癌物。二、釀酒的原料（如葡萄）有時會受到污染；曾有研究發現有些酒內含有硝酸鹽、黴菌毒素及殘餘農藥等致癌物。三、酒精本身是一種良好的溶劑，可促進一些致癌物穿透入深層組織，增加致癌性。

檳榔

在台灣南部、中國大陸南方、東南亞及南洋地區，許多民眾有吃檳榔的習慣，這些地區也恰好是口腔癌的盛行區。事實上，檳榔的汁液中含有檳榔鹼，咀嚼的同時會形成多種亞硝酸胺類的致癌物，同時夾著檳榔一起吃的荖花中含有黃樟素（safrole），也是一種致癌物，可引起口腔黏膜的白化及口腔癌。因此，千萬記得勿作「紅唇族」！

反式脂肪酸

在日常生活中還要注意避免吃到含有反式脂肪酸的氫化油。大部分的天然植物油含有大量的不飽和脂肪酸，容易被氧化，不耐久放。但經過己烷的作用，變成反式脂肪酸後，分子結構便會十分穩定，可耐高溫，且不易變質，同時油炸時還可使食品變得香脆可口，因此商家常用含反式脂肪酸的油來炸洋芋片、薯條、油條、甜甜圈、鹽酥雞、排骨和臭豆腐。植物性人工奶油（乳瑪琳）及許多品牌的奶精中，也含有反式脂肪酸。

反式脂肪酸在人體中會造成各種傷害，且難以被分解，它具有增高人體中的低密度脂蛋白膽固醇（俗稱壞的膽固醇），增加心血管疾病及腦中風風險的壞處。它也可能會誘發過敏反應，甚至引起癌症。所以，我們在購買洋芋片、餅乾、奶精等食品時，務必注意其外包裝的成份標示，避免食用含有反式脂肪酸的食物。

生長、保存及製作過程汙染到的毒素

在食物的生長過程中，常會受到農藥、抗生素、生長荷爾蒙及重金屬等污染，其中農藥殘留一直是全球食物對健康的一大威脅。台灣市面上的蔬菜、水果的農藥殘留不及格率常達20~30%。

抗生素與荷爾蒙

抗生素與荷爾蒙的殘留，則是家禽及家畜食物中對健康的隱憂。養殖業經常會在飼料中添加抗生素及殺菌劑，以預防雞、豬、牛、魚等動物因細菌感染而生病，避免血本無歸。

例如，雞飼料中常添加硝基呋喃（Nitrofuran），這是一種致癌物。如果從事養殖的農民以這些有害物質餵養動物，同時未等兩個禮拜讓這些有害物質在家禽、家畜體內代謝掉之後，就屠宰牠們，將其賣到市面上；則殘留在這些家禽身上的抗生素及荷爾蒙就會進入人體，對健康產生不利的影響。比如，殘餘的抗生素進入腸胃道，會導致腸道菌產生抗藥性；殘餘的荷爾蒙則可能誘發前列腺癌、乳癌及子宮內膜癌。

硝酸鹽、亞硝酸胺

　　許多食品業者為了讓食品「色、香、味」俱全，或延長保固期限，常會在食品中添加許多化學物質。例如，火腿、香腸、臘肉及熱狗中常被加入硝酸鹽（Nitrate）類的防腐劑，這些硝酸鹽在人體可被胃腸道的細菌還原成亞硝酸鹽（Nitrite），如果再接觸到含胺類的食物（如秋刀魚、魷魚），就會產生化學反應，產生亞硝酸胺（Nitrosamine）。亞硝酸胺是一種強力的致癌物，可誘發口腔癌、食道癌及胃癌。

營養師的食物保鮮小祕訣

　　1.葉菜類：應洗淨並濾乾，以乾毛巾或紙巾鬆散地包裹起來，並放置在塑膠袋中，同時一定要在塑膠袋上打幾個孔，以便空氣流通。

　　2.果類：除去水果外皮的塵土及污物，保持乾淨，用紙袋或多孔的塑膠袋套好，放在冰箱下層或陰涼處。

　　3.魚及肉類：除去魚類的鱗鰓、內臟、沖洗清潔、瀝乾水份，裝進清潔的塑膠袋，再放入冰箱冷凍層，但不要儲放太久。

　　4.食品：宜用保鮮袋或保鮮膜封好或放入密封容器中，防止食品受潮、失水。未開封完全殺菌的食品，如罐頭類或未成熟的水果，不需存放冰箱。開罐後的罐頭食品，一定要倒入不是鐵製的容器內，才放入冰箱。

　　5.冰箱溫度：冷藏控制在攝氏7℃以下，冷凍則維持在-18℃以下，才能達到冷藏冷凍的目的。

黃麴毒素

　　由於中國大陸南方、台灣及東南亞地區的氣候溫暖潮濕，農作很容易在貯存過程中受到黴菌污染。黴菌會產生許多致癌毒素，影響健康。例如，黃麴菌常導致玉米、花生、稻米及小麥等糧食發霉。台灣的部分花生及玉米製品、冬粉、番薯粉、干貝、豆乾、木耳、魚乾、鹹肉都曾被檢測出黃麴毒素超標。

　　黃麴毒素是一種惡名昭彰的肝毒素，具有耐熱性，即使煎、煮、炒、炸也不能破壞它。黃麴毒素進入人體後會導致肝炎、膽管纖維化及肝癌。在台灣，黃麴毒素的污染以花生製品污染最為嚴重，過去曾有研究發現，在台灣有近10%的國中學生尿中黃麴毒素呈現陽性反應，這可能與吃了太多被毒素污染的花生製品有關。

　　許醫師的叮嚀

　　油炸、燒烤及碳烤都屬於高溫烹煮的料理方式，食物中的油脂、蛋白質及澱粉都容易產生變性物質，危害健康。可以偶然品嚐這類的食物，但千萬不要餐餐相伴，日日相隨。

食物烹調不當產生的毒素

肉品富含蛋白質及脂肪，在經過高溫油炸、燒烤及煙燻烹調後，容易產生變性，產生致癌物。例如，豬油、牛油、沙拉油在油炸高溫加熱後，可會產生多種異環胺（HCA）及多環芳香烴（PAH）的可能致癌物。在動物實驗中，可誘發大腸癌、胃癌、胰臟癌、肝癌及乳癌的產生。

澱粉類的食物（如薯條）在經高溫油炸之後，也會產生丙烯醯胺，在動物實驗中也具有致癌性。而許多家庭主婦雖不抽菸，卻罹患肺癌，可能與長期吸入炒菜時產生之含多環芳香族碳氫化合物的油煙有關。

長期醃漬的蔬菜及肉品也可能產生致癌物。在台灣及中國南方，民眾常食用醃漬的蔬菜及鹹魚，這些醃漬食物所含的粗鹽被發現有不少亞硝酸胺類的致癌物及黴菌的毒素，這可能是這些地區之鼻咽癌、食道癌及胃癌發生率較高的重要原因。

食物在高溫調理後可能產生的毒素

食物成份	高溫調理產生的毒素	對人體健康的影響
油脂類	多環芳香烴（PAH）	可能致癌物
蛋白質類	異環胺（HCA）	可能致癌物
澱粉類	丙烯醯胺（Acrylamide）	可能致癌物

容器與餐具產生的毒素

在日常生活中，食物的容器及餐具可能釋放出一些有毒物質，這是一般人常容易忽略的問題。

保鮮膜

市面上保鮮膜常是由聚氯乙烯（PVC）、聚偏二氯乙烯（PVDC）以及聚乙烯（PE）製成。前兩種物質在加熱過程中可能釋出氯乙烯單體的致癌物，後一種（聚乙烯）加熱後可能會溶出有機錫。因此，日常生活中儘不要以保鮮膜包蓋食物加熱。萬一必須使用時，至少應使保鮮膜與食物保持三公分以上的安全距離。

塑膠袋、塑膠杯及塑膠瓶

塑膠袋、塑膠杯及塑膠瓶常是以聚氯乙烯（PVC）製成，在接觸熱水後，常易釋放出氯乙烯單體及有機錫化合物，所以要儘量避免用含聚氯乙烯的塑膠袋或容器包裝食物，改使用瓷器、玻璃杯或不銹鋼杯來作食物飲料及湯品的容器。

保麗龍

保麗龍是一種聚苯乙烯的產品，目前常用來製作泡麵、速食麵的碗。事實上，如果盛裝70℃以上的熱水，會有含苯乙烯的毒素被溶出，需避免使用，以免毒害身體。

免洗筷與餐具

有許多餐飲店貼心地提供免洗筷給顧客使用，不過，由食品藥

物管理署稽查市售免洗筷的抽驗結果顯示，市售的免洗筷有一定比率有二氧化硫、聯苯及過氧化氫殘留量過高的情形。

　　這些不合格的免洗餐具如果口口相伴，日日相隨，對身體的健康將有相當大的傷害。例如，聯苯具有防腐作用，但也具有致癌性，並會傷害肝臟、內分泌及神經毒系統。因此，外出飲食最好還是自備環保筷，以策安全。

許醫師的叮嚀：吃泡麵時不要用保麗龍碗

風險食物：泡麵

危險因子：保麗龍餐具是由聚苯乙烯所製成，遇到攝氏70度以上的高溫就會釋放出聚苯乙烯。

致病疑慮：大量吸入可能會造成咳嗽、氣喘等，嚴重可能傷到呼吸道與肺部。

市售不鏽鋼主要金屬成分

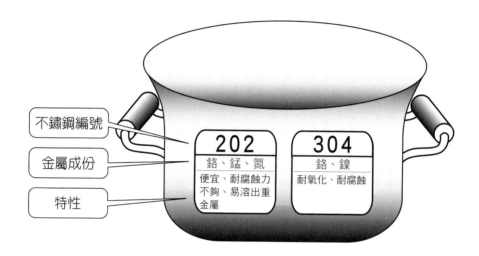

不鏽鋼編號

金屬成份

特性

202
鉻、錳、氮
便宜、耐腐蝕力
不夠、易溶出重
金屬

304
鉻、鎳
耐氧化、耐腐蝕

不鏽鋼餐具使用建議

1.應留意鋼材標示、並挑選有SGS檢驗證明，一般作為餐具、鍋具的是不鏽鋼
304、316系列。

2.不鏽鋼鍋、餐具的使用，一旦出現生鏽、刮痕或凹凸不平狀況就應立即更換。

3.清洗時，可選用絲瓜布，避免刮痕。

營養師的健康叮嚀：選購健康餐具的原則和地點

一、如何挑選不鏽鋼餐具

1.挑選不鏽鋼鍋、餐具，應留意鋼材標示、並挑選有SGS檢驗證明、信譽良好的品牌或店家。一般而言，不鏽鋼可分為220、300、400三大系列。200系列，錳含量高，多用於水槽、家電，屬工業器械用途。300系列抗腐蝕性好，適合用於廚具、餐具。400系列錳及鎳的含量低，只能用於輕度腐蝕環境，一般用於醫療、刀具及飾品等。一般作為餐具、鍋具的是不鏽鋼304、316系列，因其具有耐高溫及抗腐蝕的特性，且釋出的金屬含量很低，不致於危害健康。品質好的不鏽鋼餐具或鍋具，會使用300系列中編號304或316製成。

2.不鏽鋼餐具上印有「13-0」、「18-0」、「18-8」三種代號，代號前面的數字表示含鉻量。鉻是使產品「不鏽」的材料；後面的數字則代表鎳含量，產品的鎳含量越高，耐腐蝕性越好。

3.不鏽鋼鍋、餐具的使用，一旦出現生鏽、刮痕或凹凸不平狀況就應立即更換，避免溶出「錳」這類有害重金屬的風險。人體吸收過量的錳，會影響神經系統導致錳中毒，造成記憶及睡眠障礙、食慾不振、肌肉痙攣等症狀，甚至有罹患帕金森氏症的風險。

二、陶瓷餐具的挑選

1.陶瓷製品中的釉彩含有一定量的鉛。長期使用這些餐具盛放醋、酒、果汁等有機酸含量高的食品時，餐具中的鉛等重金屬就會溶出並隨食品一起進入人體內蓄積，久而久之，就會引發慢性鉛中毒。

2.在使用新購買的陶瓷餐具前，可先用食醋浸泡以溶出大部分的鉛；在使用時則避免用彩色陶瓷餐具盛放酸性食品。

三、塑膠餐器具的選擇

1.使用塑膠餐器具時需注意，不同塑膠對耐酸性及耐鹼性的能力不同，避免使用錯誤的塑膠餐器具，以免溶出對人體有害之物質。

2.對於酸性或鹼性（如檸檬汁、醋等）食品，應選擇耐酸及耐鹼性較好的PE或PP材質。

做好風險管理，享受健康人生

在飲食安全上，最重要的是要做到良好風險管理，以及聰明採購、及時保鮮、充分清洗與適當烹煮。

每個人都想吃出健康，但是在食品加添物無所不在，黑心食材四處流竄的情況下，如何才能確保飲食安全，吃出健康亮麗人生呢？有些人把飲食安全的責任全丟給政府，認為政府應該制定嚴格法令，嚴刑重罰，以杜絕黑心食品。然而，從過去到現在，層出不窮的食安事件看起來，光透過法令規範顯然是不夠的，因為「道高一尺，魔高一丈」，「殺頭的生意有人做，賠錢的生意沒人做」，只要有錢賺，再黑心的事都有人幹。我們想要吃出健康，吃得安心，除了要督促政府建立完善的食品管理法規，並從嚴執行外，更重要的是要做好食物的自我把關。

避免吃進毒素的五大祕訣

在真實的世界裡，我們要天天吃到完全無毒的食物是一件不太可能的事；如果因過度講究食安，而不能跟親朋好友一起品嚐花花世界的各種美食，也會喪失許多生活的樂趣；實際上是大可不必

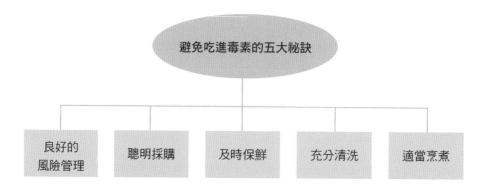

如此膽戰心驚，在飲食安全上，最重要的事是要做到良好的風險管理，以及聰明採購、及時保鮮、充分清洗與適當烹煮。

一、良好的風險管理：吃原形食物與減少外食

所謂良好風險管理最重要的就是，儘量吃原形食物與減少外食。原形食物就是，可以看到原始風貌的食物。如此一來，就可以大大減少吃到各式各樣的食品添加物，如黏合劑、保色劑、防腐劑、抗氧化劑、膨脹劑、凝固劑或人工香料的機會。例如一顆一顆的花生是原形食物，而花生粉、花生醬則是非原形食物；米是原形食物，而麵包、板條、豆乾是非原形食物。

吃原形食物的優點就是較容易看到食物是否有變質、發黴，並大大減少吃到食品加添劑的機會。相反的，非原形食物可能吃到不新鮮，甚至發霉食材做成的食品，同時還可能吃到人工合成色素、漂白劑、香料、膨脹劑或防腐劑。

在食品安全風險管理上，第二件重要的事就是減少外食。外食並非一定不好，但經營餐飲業的商家有可能為了節省成本，使用廉

許醫師的叮嚀

台灣社會過去歷經無數食安風暴（參看台灣食安事件簿，P84-86），這些微量有毒物質的可怕在於：雖不會立即引起明顯疾病，但卻是沉默殺手，會無聲無息地造成身體的慢性發炎和傷害。

台灣食安事件簿（2005年至2015年）

年份	事件	說明
2005 年	石斑魚孔雀綠風暴	台灣石斑魚被檢測出含有還原型孔雀綠的禁藥殘留。
2005 年	毒鴨蛋事件	市售鴨蛋被檢測出有世紀之毒戴奧辛。
2006 年	台糖豬飼料食品事件	台糖使用家畜用酵母粉製作食用健素糖。
2007 年	水產養殖場禁藥事件	台北縣政府抽驗水產養殖場，發現 16 家養殖場中，有 7 家的鱒魚具有禁藥殘留。
2008 年	毒奶粉風暴	中國河北省三鹿集團生產的三鹿牌嬰幼兒奶粉因添加三聚氰胺，導致嬰兒罹患腎結石；部分產品流入台灣。
2008 年	毒酒事件	不肖業者以有毒的工業用酒精製作高粱酒、米酒販售，導致食用者失明。
2009 年	福馬林菜脯事件	市售的蘿蔔乾（俗稱「菜脯」）被檢測出添加福馬林（甲醛）。
2009 年	故宮博物院毒茶風暴	故宮博物院販售的烏龍茶被檢測出含有致癌性的氟芬隆與可能造成神經病變的愛殺松。
2010 年	黑心油豆腐事件	市售油豆腐被檢測出含防腐劑苯甲酸，部分干絲被檢測出過氧化氫殘留過量。
2011 年	瘦肉精事件	美國牛肉被檢測出含瘦肉精萊克多巴胺。2012 年，台灣政府有條件開放含萊克多巴胺瘦肉精的美牛進口，引起國內養殖業的嚴重抗議及部分學者的強烈抨擊。
2011 年	塑化劑風暴	眾多手搖飲料店及知名品牌的運動飲料及果汁被檢測出塑化劑（鄰苯二甲酸二酯），此種化學物質可能造成性器官短小及智力障礙。

年份	事件	說明
2011 年	毒蔬菜事件	台北市衛生局抽驗生產餐盒的食品廠，發現宏遠食品有限公司的芥藍菜有氟芬隆農藥殘留。
2013 年	毒醬油事件	雙鶴醬油含有超標的單氯丙二醇。
2013 年	毒澱粉風暴	部分手搖飲料店的粉圓及市售的黑輪、芋圓、豆花、肉圓、粄條等澱粉製品，被驗出含有可增加 Q 彈度的順丁烯二酸，造成台灣小吃界的黑暗年代。
2013 年	紅薏仁毒素事件	市售紅薏仁、紅麴米及紅麴酵素錠被檢驗出含過量的黃麴毒素與橘黴菌。
2013 年	胖達人香精事件	胖達人麵包標榜「天然酵母、無添加人工香精」，但卻被發現其中添加了人工香料，欺騙消費者。
2013 年	毒米苔目事件	新北市衛生局於板橋檢測出含苯甲酸的米苔目。
2013 年	毒馬鈴薯事件	台灣摩斯漢堡的黃金薯因含高量（超過標準 10 倍）的配糖生物鹼（包括卡茄鹼及龍葵鹼），導致消費者食用後嘴巴發麻。
2013 年	黑心油風暴	大統長基食品公司出品之食用油添加了低成本的棉籽油，並以銅葉綠素調色，危害大眾健康。
2014 年	餿水油風暴	台灣強冠公司及進威公司涉嫌非法收購餿水油，製成 200 公噸以上劣質香豬油，逾千家台灣食品業者受害。
2014 年	毒豆干事件	台南芊鑫實業社非法使用工業用染料二甲基黃製成乳化劑販售，造成德昌等眾多食品公司的豆干產品染毒。二甲基黃食用過多，可能致癌。
2014 年	黑心豆芽菜事件	台中市刑大查獲祖孫三代以俗稱「保險粉」的「低亞硫酸鈉」漂白豆芽菜，販售黑心食品達 66 年；低亞硫酸鈉食用過量會引起氣喘、腹瀉及嘔吐。

年份	事件	說明
2015 年	毒金針事件	北市衛生局稽查年貨，檢驗發現 56 件金針及竹笙等乾貨中，21 件（37.5%）漂白劑（二氧化硫）殘留濃度過高，可能引起呼吸困難、腹瀉及嘔吐。
2015 年	帶菌芽菜事件	食藥署檢驗市售芽菜類食品（含豌豆苗、苜蓿芽、豆芽菜）所抽驗的 40 件產品中，有 39 件大腸桿菌超標，不合格率 97.5%。
2015 年	毒貢糖事件	台灣食藥署檢測 209 件市售食品中，驗出 4 件花生糖（含金鼎祥貢糖）、1 件花生粉及 1 件紅薏仁的黃麴毒素超標，7 件紅麴米的橘黴素超標，產品的不及格率為 6.2%。黃麴毒素食用過多，可能引起肝炎及肝癌。
2015 年	毒薑絲事件	雲林縣衛生局至全台薑絲最大供應地西螺某菜市場查察，隨機抽驗 11 件，發現有 6 件（54.5%）二氧化硫或銨明礬超標，有的二氧化硫超標 300 倍。
2015 年	「英國藍」毒茶風暴	全台有 96 家連鎖店的「英國藍」英式紅茶專賣店，爆出販售含 DDT 等 11 種劇毒農藥的「玫瑰花瓣冰茶」，導致消費者出現頭暈、四肢無力的症狀。而後，政府清查發現多家廠商出品的茶飲料皆有農藥超標的問題。
2015 年	冰品生菌超標事件	食藥署針對台灣北、中、南 7 縣市的 78 件冰品檢驗生菌數，結果發現 43.6% 冰品（冰沙、刨冰、冰淇淋、雪泥）生菌數超標。
2015 年	黑心義大利麵活蟲事件	高雄東海食品行涉嫌竄改進口義大利麵及乳酪的有效日期，未開封的義大利麵條內竟發現有活蟲。
2016 年	販賣機奶茶生菌數超標	知名廠商福知茶飲在販賣機所販賣之「濃茶拿鐵」生菌數超標 1000 倍。
2016 年	湯圓添加工業用染料	台中市衛生局查獲地下工廠使用工業染劑（Rhodamine）作湯圓染劑。

價的餿水油或重覆使用回鍋油；同時，為了增加食物賣相，使用到經漂白或增色的食材及化學醬油。生意好的餐廳經常沒有時間及人手充分洗淨各式各樣的蔬菜及水果，更遑論使用有機食材。因為外食餐廳很難為你的健康把關，所以減少外食是確保飲食安全的一項重要原則。一般上班族最好中午能由自己或家人準備便當；如果不方便，也儘量控制一週外食的次數在六次以下。

二、聰明採購

米的選購

民以食為天，米飯更是台灣人最仰賴的主食，如何選購好米，才能吃得安心呢？選購米食時，要特別注意稻米在生長過程中，土壤是否受重金屬污染、灌溉水污染及農藥的污染。在台灣，工業廢棄物或廢水，以及石化業和廢五金燃燒產生的煙霧及落塵，常造成灌溉用水及土壤受到重金屬及化學物質的污染，連帶也會污染土壤生長出的農作物。

2004年，台灣就有4.94公頃農地生產的稻米含鎘量超過食米重金屬限量標準，而需要銷毀。長期吃受鎘污染的白米，會引起肝、腎功能受損及軟骨症，還會導致全身酸痛的

「痛痛病」（Itai-Itai disease），不可不慎。

　　種植土壤受到重金屬污染時，即使生產者或消費者都很難察覺米有問題，所能依賴的只有科學檢驗。目前政府正推動CAS良質米標章，必須「殘留農藥安全容許量」及「食米重金屬限量標準」皆符合規定的米，才能標示「CAS良質米」。雖然CAS認證的產品也有出包的可能，但目前在選購米食時還是可以列為重要的參考依據，畢竟這些獲得標章的米曾受過初步的合格檢驗。

蔬果的選購

　　台灣蔬果的安全問題包括農藥殘留、化肥污染、排泄物污染及重金屬污染。

　　在台灣，農友經常使用「氮肥」做為化學肥料。當生長作物的根部吸收氮肥後，會轉化為硝酸離子（NO^-），這些硝酸離子在植物體同化及光合作用後，可形成胺基酸。但是如果氮肥使用過量或日照不足時，植物體內的硝酸離子便無法完全轉化成胺基酸。如此一來，植物體內便會充滿硝酸離子。這樣的蔬果被吃進人體後，便可能被還原成許多亞硝酸胺，對人體可能有致癌風險。

　　許多研究顯示，亞硝酸胺可誘發胃癌、食道癌、肝癌、大腸癌和膀胱癌的產生。農委會在

記者現場報導

2009年，中興大學的研究團隊發現，台灣傳統市場的蔬果農藥殘留不合格率高達60~80%。2015年，環保團體綠色和平組織抽驗國內連鎖超市及大賣場，發現農藥殘留率高達69%，農藥超標率則達12%。可見台灣蔬果農藥殘留的問題相當嚴重。

2012年曾進行國內蔬菜的硝酸鹽殘留檢測，發現在1530件樣本中，46%的青江菜與42%的莧菜驗出有硝酸鹽殘留，雖然大都含量低，但仍不可掉以輕心。各種蔬菜在食用前，務必要用大量清水沖洗乾淨。

在蔬果的選購上，以選擇有機農產品較佳，因有機蔬果應該沒什麼農藥殘存。雖然各國對有機農產品還存在一些管控不力的問題，不過大致而言，農藥殘存較一般蔬果仍舊少很多，還是較理想的選擇。

記者現場報導

為了讓消費者正確辨別農產品的安全性及環境親和性，農委會近年來積極推展「農產品產銷履歷制度」。目前在國際上被強調的農產品管制制度主要有「良好農業規範（Good Agriculture Practice，簡稱GAP）」以及「履歷追溯體系（Traceability，食品產銷所有流程可追溯、追蹤制度）」。台灣的農產品產銷履歷制度，基本上是結合上述兩大國際農產品管制制度，農產品必須通過國際機構及農委會認證的產銷履歷驗證機構之檢驗，才能發給產銷履歷。同時，農產品在經過驗證通過後，每年還會接受至少一次的定期或不定期的追蹤查驗，以確定品質及安全性。而消費者在購買食物時，可以從「台灣農產品安全追溯資訊網」（http：//taft.coa.gov.tw）查詢到農民的生產紀錄。這個新制度的實施是否真能改善目前層出不窮的食安問題仍有待觀察，不過對廣大的消費者而言，農產品產銷履歷制度的建立應該被鼓勵和給予大力支持。

有機蔬果因為栽種成本較高，價格也較昂貴。在台灣也可以考慮採購具有吉園圃標章的蔬果。「吉園圃」是優良農業耕作（Good Agriculture Practice）英文縮寫GAP的音譯，代表該產品是農民遵守適時適地適種、合理病蟲害防治及安全採收期，三大安全農業操作原則耕作所得。標章下的9個阿拉伯數字是「生產者的識別碼」。具有吉園圃標章的農產品的農藥殘留必須未超過衛福部公告的容許值。

營養師的健康叮嚀

買米的原則及保存法

就國人三餐較常吃的米飯而言，可以依據下面幾點來挑選：

1.白米外觀品質，選擇米粒飽滿、外表晶瑩剔透、粒型均一的米，其品質較好。若米粒外觀不良，如米粒變黃或有異樣顏色粒、損被害粒、碎粒、異型粒、白粉質粒、夾雜物含量較多，或粒型不均一、無光澤、有異味及米粒外表粉粉的，均為米質較差或不新鮮的現象。

2.米飯外觀，一般光澤好的米飯，其食味較佳。光澤差的米飯，食味亦較差。

3.注意包袋所標示的內容，如碾製加工日期、產地、規格或等級、淨重、保存期限、碾製工廠名稱、地址、電話。碾製日期愈接近購買日期者愈好。

4.不要一次買太多米，以免貯存時間過長，米質降低，且容易生蟲。包裝米開封後兩周內可食用完畢較宜，或拆封後將米密封放置於冷

藏保鮮。如購買後無立即食用，建議選真空包裝米，以利保存，並依照外包裝袋上所標示的有效期限內食用完。

5.認明產地及註冊證明標章，選擇信譽良好的品牌。除選擇包裝標示完整外，更要選擇經政府輔導，品管良好的品牌，如 CAS 良質米廠商所生產的台灣好米。

6.在大賣場挑選包裝米時，首先須注意標示日期、標示等級及包裝樣式，其次才考慮價位。而至傳統米店購買散裝米時，則看米粒表面色澤度，聞起來是否有異味、碎米粒是否過多等。

蔬果生鮮採買原則與保存法

1.蔬菜：莖葉鮮嫩肥厚、葉面光潤、型態完整、無枯萎、莖部豐碩、斷口部分水分充盈，無附著泥土。瓜類要選色澤鮮美、果實飽滿、表皮無斑點。菜根要選有光澤、無傷痕、皮不乾縮、肥嫩圓實者。

2.水果：果皮完整、顏色鮮艷、沒有斑痕、成熟適度、果體堅實、無斑點、水分充盈、無腐爛、蟲咬或破傷現象。

3.肉類：肉呈淡紅色，紅潤有光、有肉香，無黏液、流汁、腐臭或被泥沙污染。肌肉流汁太多，或內臟過分腫大，顏色不自然者可能是被灌水，應加留意。

4.海鮮類：要選擇魚鱗完整不脫落、眼球清澈，用手壓魚身時肉質應結實有彈性，無傷痕，無惡臭。分切的魚肉片其血和肉與普通肉分界清晰，肉色鮮明並且有光澤，沒有瘀血及傷痕。冷凍品應無解凍現象。活貝的殼不易啟開，外觀正常無異味。

5.豆製品：豆腐、豆干應無酸臭或黏液。

6.分散風險，到菜市場買菜，不要固定在一個攤位上採買，就算買同樣的菜也到不同的攤位，這樣的方式可以讓你買到來自各種不同源頭的食物，且最好選有產銷履歷或認證標章的產品。

三、及時保鮮

台灣屬海島型氣候，潮濕且溫暖，特別適合黴菌生長。五穀雜糧及核果類食物購買時儘量選擇小包裝，同時須注意包裝上的保存期限，距離保存期限愈近的愈不新鮮，因此最好是購買時間較接近製造日期的產品。購買後放入冰箱保藏，並儘快吃完；千萬不要放進櫃子、倉庫，甚至放在水槽下等濕度高的地方。

要注意，所謂**保存期限，是指在「原來的包裝環境下」所能支撐的保存時間**。一旦開封，就不是原本的保存期限，必須儘快吃完。

四、充分清洗

避免吃到殘留農藥及寄生蟲的重要法則是，充分清洗蔬果。種植有機蔬果的農民可能使用人類或家畜的排泄物來作堆肥，這些排泄物常帶有病菌或寄生蟲，使蔬果受到污染，如果直接生食就有相當程度的風險。

許醫師的叮嚀

有機食物的定義是，在種植過程中，沒有使用非天然化學物質（如農藥或化學肥料）栽種的食物。

營養師的健康叮嚀

如何適當使用冰箱，減緩細菌生長的速度，延長食物的新鮮期：

1.冰箱冷藏室需要有冷空氣流動的空間，冰箱最多只能放三分之二滿，也就是大約70%的容量，以利冷空氣流通，來維持冷度。

2.冷藏室約保持在3℃～8℃，如果以室溫18℃為例，打開冰箱門10秒，冰箱內溫度會上升5℃；室溫30℃時打開15秒，溫度就上升18℃；為了避免開冰箱影響到食物的保鮮效果，最好將食物分類，將同類的食物固定放在同一層，打開冰箱之前，事先想好要拿哪些東西，盡量縮短開關門的時間及頻率。

3.生、熟食分區擺放。為了避免食物互相污染，一定要以熟食放上層、生食放下層為原則。任何食物進冰箱前都應該適當處理，用乾淨的袋子重新包好或裝入密封保鮮盒，避免直接塞進冰箱裡頭。

4.勿把冰箱當成儲藏室。基本上肉類可以冷凍一個月，海鮮類可冷凍一週，蔬果則可冷藏三天。但食物一旦開始存放，鮮度就會逐漸降低，到最後就算加熱烹調，也不容易去除細菌產生的毒素，因此，不宜將食物擺放在冰箱太久。

5.隔餐的食物不可反覆解凍、加熱。為了不浪費食物，很多人會習慣把沒吃完的飯菜冰起來，到了下一頓加熱再吃。其實，只要妥善密封，重新加熱的食物還能食用，但千萬不要反覆解凍、加熱、冰存好幾次，這樣容易使食物變質，引發嘔吐、噁心、腹瀉等食物中毒的症狀。

去除殘留農藥及寄生蟲最有效而方便的方法是，**用大量清水沖洗**，但記得應使用**大量流動的清水來沖**，而非單用水來浸泡蔬果喔。同時，高麗菜等包葉菜類不妨先把外圍的一、二片葉子去掉，再一片片撥開葉片好好沖洗；根莖菜類清洗後，最好還是削皮後再食用較佳。

五、適當烹煮

蔬果中富含大量的維生素，具有良好的抗氧化功能，但是蔬菜

營養師的健康調理法

一、預防食品中毒

1.清潔：調理食物前徹底以肥皂或洗手乳洗淨雙手；用於製備食物的場所、容器及設備須徹底清洗和消毒。

2.生熟食分開：嚴禁生熟食交互污染，處理生肉及海鮮應與其他食品分開。

3.徹底煮熟：食物要徹底煮熟，避免生食。

4.乾淨的水與新鮮食材：飲水需煮沸至少1分鐘；使用新鮮的食材與乾淨的水烹調食物。

5.注意保存溫度：煮好的食物在室溫下放置不超過2小時；熟食與易腐敗的食品應冷藏。

在水煮三分鐘之後，內含的維生素與酵素會被大量破壞，因此想要吃到營養豐富的蔬菜，**水煮的時間最好不要超過一分鐘**。這也就是為什麼主張生機飲食的學者，強調吃未經烹煮的新鮮蔬果的原因。但是必須引以為戒的是，食物如果未經烹煮，可能會殘存活的寄生蟲卵及細菌。一旦一個寄生蟲卵被吃下肚，可能寄生蟲就跟著你一輩子，這是非常可怕的事！

我曾遇到許多病人因為吃生機飲食而得到蛔蟲（會引起營養不良）、肝吸蟲（會引起膽管炎及膽管癌）及廣東住血線蟲（可引起

二、健康烹調

在烹調的時候，善用天然食物的風味，減少油品與調味料的使用。

1.選擇富含單元不飽和脂肪的好油，如苦茶油、橄欖油等來烹調，每日用量2~3湯匙。烹調食物時，避免長時間高溫油炸及反覆使用同一鍋油。應多利用清蒸、水煮、汆燙、清燉、烘烤、滷、涼拌等低油方式烹調食物；油炸、油酥的烹調方式少用為宜。

2.選用適當的鍋具如不沾鍋，減少用油量，並可利用量匙控制添加的油量。

3.肉類燉煮後，可先存放在冰箱內，冷卻後去掉凝結的油，再加熱食用。

4.減少鹽與味精的使用。減少各種鹹味的調味料、醃漬食品、太鹹的食物。善用醋、番茄等酸味物質，以及香菇、海帶、柴魚等鮮味物質，中藥材、薑、蒜、洋蔥、香菜等香氣食物，都可以減少鹽的用量。

腦膜炎）感染。所以烹煮青菜時，如果希望保有蔬菜豐富的維生素和酵素，同時兼顧衛生無菌的健康原則，最好的方式是汆燙三十秒至一分鐘。因為汆燙三分鐘以上，營養素會流失過多；而完全不煮則更可怕，可能會成為寄生蟲的終生宿主。

　　此外，凡是以100℃以上的溫度烹飪食物都算是高溫烹調，較容易產生異環胺、多環芳香烴及丙烯醯胺等致癌物。而且高溫烹調的時間愈久，溫度愈高，致癌物的產生也會愈多。因此油炸、燒烤、大火快炒等方式烹調致癌物的產生機會較高，是較不安全的烹飪方式。而用水煮、清蒸及燉滷等方式烹調產生致癌物的機會低，基本上是較安全的烹調方式。

甜蜜誘人的健康殺手──糖飲與甜食

腸道的壞菌喜歡吃果糖，因此吃果糖容易引起腸道內壞菌的大量繁殖，這可能是果糖引起身體不良反應的關鍵因素。因為壞菌會破壞腸上皮細胞間的緊密連結，使細胞間產生縫隙，造成腸漏現象。

過半的國人每天喝含糖飲料，根據衛福部國民健康署的市售飲品調查，最甜飲料冠軍是700C.C的「多多綠」手搖杯，一杯多多綠就達到世界衛生組織建議的每日糖攝取量上限的3.1倍。許多民眾一天就要喝好幾杯手搖飲料，對自己健康產生了極大的傷害。

根據世界衛生組織的建議，一個人每日為增加食物美味所攝取的添加糖量，應佔每日食物所含總熱量的5%以下。例如，一位體重60公斤，輕度工作的成人（如上班族），一天所需的熱量為1800大卡，總熱量的5%算起來是90大卡；由於1公克的糖可產生4大卡熱量，所以每天只能吃22.5公克的糖。

22.5公克到底是多少量？有些讀者可能不是很有概念，如果我們把它轉換為多少顆方糖，大家就可以清楚的了解。一般市售的方糖1顆含5公克的糖，亦即可產生20大卡的熱量。因此如果一人每天只能吃22.5公克的糖量，體重60公斤的輕度工作者一天最多可以攝取的方糖數目為4.5顆。

在一般市售的300C.C的一瓶可樂中，含有31公克的糖，約等於6.2顆方糖，因此，每天只要喝一瓶可樂就超過了世界衛生組織建議的攝取量。而市售的手搖杯全糖飲料每100C.C約含2顆方糖（約

許醫師健康小教室

成人一天所需熱量的計算方法：體重（公斤）× 30大卡

10公克），因此700C.C的多多綠就含有約14顆的方糖（約70公克），遠遠超過了世界衛生組織的一天建議攝取量。

添加糖是健康殺手嗎？

「添加糖」真的是健康殺手嗎？為什麼世界衛生組織要特別訂定每日添加糖的攝取上限呢？事實上，糖也是人類體內能量的來源，只是必須適當攝取，才能同時兼顧美味與健康。要了解糖對健康的影響，必須先知道糖進入人體後的命運。

一般所謂全糖的甜飲約含10%的添加糖，如以蔗糖為添加飲料甜味的糖，其進入人體的胃腸道後，會先被分解產生葡萄糖及果糖，而後再被吸收。其中的葡萄糖進入人體後，5%會迅速進入肝臟

最甜飲料排行榜

名次	飲料名稱	容量（C.C）	每杯（瓶）含方糖數（顆）
1	多多綠（全糖）	700	14
2	珍珠奶茶（全糖）	700	12
3	發酵乳飲料（多多）	330	11
4	柳橙果汁	400	10
5	奶茶	400	9

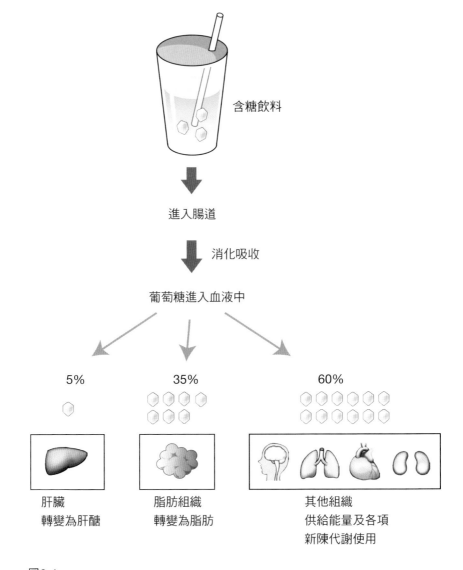

含糖飲料

進入腸道

消化吸收

葡萄糖進入血液中

5%　　　　　　　35%　　　　　　　　60%

肝臟
轉變為肝醣

脂肪組織
轉變為脂肪

其他組織
供給能量及各項
新陳代謝使用

圖6-1
攝取甜食後,葡萄糖經消化吸收進入血液中,其中有35%會進入脂肪組
織,轉變為脂肪。5%會進入肝臟轉變為肝醣,以備飢餓時使用。其他的
60%會進入腦、肌肉等其他組織,供其他組織利用。

中，轉換成肝醣，以備我們飢餓時使用；35%則會迅速地進入脂肪細胞中，轉化為脂肪（這是吃甜食容易變胖的主要原因）；最後剩下約60%的葡萄糖才會送至腦、肌肉等組織中，產生能量，用於從事思考及進行各項生理活動之需。（參見P100圖6-1）

因為吃入人體的葡萄糖中約有三分之一（35%）會很快轉換成脂肪，而且是易進難出，因此好吃食甜食的人很容易就發胖。所以，如果不想成為一個大腹婆，少吃糖飲或甜食是絕對必要的。

另外，常吃甜食或含糖飲料還有一個更可怕的事，就是容易引起身體產生胰島素抗性（insulin resistance），並誘發糖尿病的產生。因為甜食中的葡萄糖會造成胰島素大量分泌，胰島素會與身體各種細胞的胰島素接受器結合，引起將血糖帶入細胞的反應（參見P102圖6-2）。身體各細胞之細胞膜上的胰島素接受器，若因我們好吃甜食而長期過度工作，會產生疲乏的現象，最後會引起功能受損。於是當胰島素與其接合時，其應負責之攜帶葡萄糖進入細胞的能力會大打折扣，產生所謂的「胰島素抗性」。

而久而久之，當全身胰島素接受器的功能愈來愈差時，血糖就無法被有效地帶入細胞，滯留在血中，便引起了血糖過高，造成了糖尿病。由此可知，甜食或含糖飲料真的是甜蜜誘人的健康殺手，可別傻呼呼地吃了一堆，也吃掉了健康。

果糖比葡萄糖更容易引起肥胖

過去，曾有人異想天開的以為，既然吃過多含純葡萄糖或蔗糖的飲料對身體不好，那麼喝飲料時只要加的是純果糖，就可以不攝

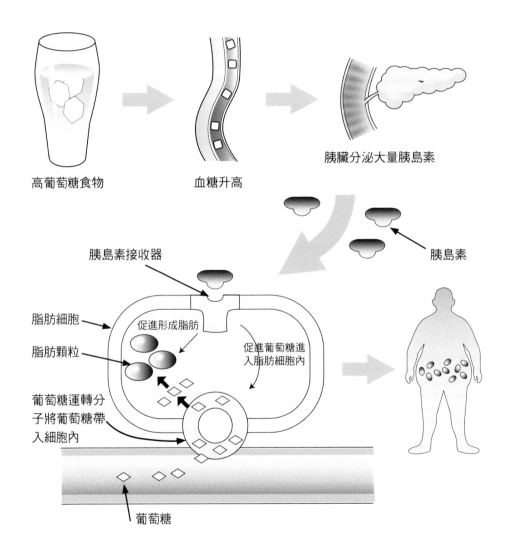

高葡萄糖食物　　　　　　血糖升高　　　　　　胰臟分泌大量胰島素

胰島素

胰島素接收器

脂肪細胞

脂肪顆粒

葡萄糖運轉分子將葡萄糖帶入細胞內

促進形成脂肪

促進葡萄糖進入脂肪細胞內

葡萄糖

圖6-2
人體在攝取高葡萄糖食物後，血糖會大幅升高，引起胰臟分泌大量胰島素。胰島素可經由葡萄糖運轉分子將葡萄糖帶入細胞內，還會促進脂肪細胞內脂肪分子的形成，導致肥胖。

取到葡萄糖，也不會引起肥胖、全身發炎及糖尿病的問題了。很不幸的，這答案是否定的！而且，可能這樣做會更糟糕！一些研究顯示，果糖比葡萄糖更容易引起肥胖，同時也特別容易導致脂肪肝與肝發炎。因此過甜的水果，如西瓜、鳳梨、芒果、釋迦，含果糖的濃度高也不宜一下子吃太多。

為什麼吃果糖會有如此可怕的效應呢？由近來的一些研究顯示，**腸道的壞菌喜歡吃果糖，因此吃果糖容易引起腸道內壞菌的大量繁殖，這可能是果糖引起身體不良反應的關鍵因素。**因為壞菌會破壞腸上皮細胞間的緊密連結，使細胞間產生縫隙，造成腸漏現象。

腸漏之後，細胞本身及其毒素便會經由上皮細胞間的縫隙進入血流之中，經由腸道靜脈到達肝臟。當這些外來的細菌或毒素大舉入侵肝臟組織後，肝組織內的警察（也就是巨噬細胞）及其他免疫細胞會馬上偵測到，並釋放出大量細胞素（如腫瘤壞死因子）來加以破壞毒素。但不幸，這些肝內免疫細胞釋放出具有殺傷力的毒素，引起肝細胞的功能受損，使肝細胞內的脂肪無法被正常代謝而

 許醫師的健康小教室

吃甜食容易胖，主要是因為甜食中的葡萄糖會促進胰島素的大量分泌。胰島素具有兩大重要功能，一是將葡萄糖帶入脂肪細胞，二是促進葡萄糖在脂肪細胞內轉換成脂肪。

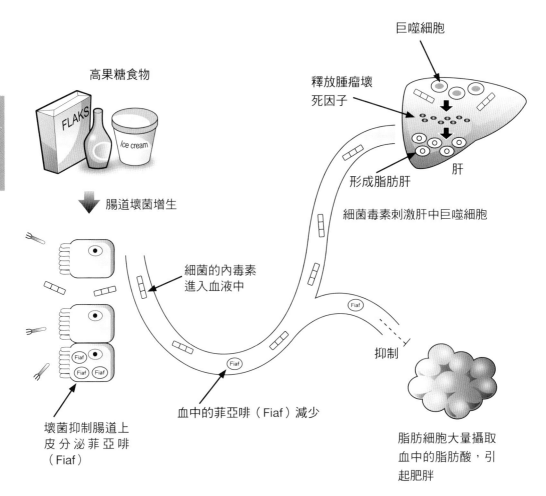

高果糖食物

巨噬細胞

釋放腫瘤壞
死因子

形成脂肪肝

肝

細菌毒素刺激肝中巨噬細胞

腸道壞菌增生

細菌的內毒素
進入血液中

血中的菲亞啡（Fiaf）減少

抑制

壞菌抑制腸道上
皮分泌菲亞啡
（Fiaf）

脂肪細胞大量攝取
血中的脂肪酸，引
起肥胖

圖6-3

高果糖食物可導致腸道內壞菌增加，抑制腸上皮細胞分泌菲亞啡，導致脂肪細胞
不受抑制，可以自血中攝取大量脂肪酸引起肥胖。同時細菌細胞壁的脂多醣內毒
素到達肝臟後，可以導致肝臟的發炎，引起巨噬細胞釋放出腫瘤壞死因子，導致
肝細胞內大量合成膽固醇與三酸甘油脂，引起脂肪肝。

逐漸累積，造成了脂肪肝。這些肝內免疫細胞所釋放出的毒素，有時甚至還會引起肝細胞的死亡。

腸內的壞菌還可以抑制腸道的上皮細胞分泌菲亞啡（Fiaf），當血中菲亞啡（Fiaf）因子欠缺時，脂肪細胞便不會受其抑制，可以快樂地自血中獲取大量三酸甘油脂，個個變得肥嘟嘟的，於是就造成了肥胖。

因此，不論是加葡萄糖或果糖的甜食或飲料都是健康殺手，日常生活中偶然淺嚐幾口是無妨，但若經常食用，無異是提早讓自己一步一步邁向老化及死亡。

營養師的知識補給站

「糖」和「醣」有什麼不同？

　　「糖」是指為增加甜味而額外添加的增甜劑，包括白糖、砂糖、方糖、黑糖或冰糖。而「醣」是所有由糖分子組成的碳水化合物，按分子結構可分為纖維、多糖、寡糖、雙糖、單糖，嚐起來不一定具有甜味，例如米飯、麵條。

　　最近全球刮起了無糖飲食的風潮，許多人在網路平台上分享無糖食譜，有些糕點師傅更推出無糖或少糖的甜食，成為新的飲食革命。但無糖飲食指的是戒「添加糖」，並非戒「醣」類食物。

何謂「全糖」與「半糖」？

　　一般含糖飲料所添加的糖約8~12%，平均為10%。手搖飲料全糖為10%、半糖為5%、少糖3%、微糖1%。1杯700C.C的含糖飲料，含有糖70公克（約14顆方糖）。

低糖飲食小祕訣

　　1. 飲料以無糖飲料為主，少喝市售的含糖飲料。

　　2. 節制各類甜膩的零食與糕餅類。

　　3. 善用新鮮天然水果、寡糖與代糖來調味，取代部分蔗糖或果糖的使用。

喝什麼水最安全？

台灣繼食安風暴後，又接二連三的發生毒茶風暴，到底我們要喝什麼止渴呢？其實，喝純淨的水是最好的解渴法寶。如果我們天天喝的是不含任何加添物的純水，何需擔心毒物循環全身讓人生從彩色轉黑白呢？

雖然說「女人是水做的」，但事實上，「男人也是水做的」，不論男人或女人，水都佔身體總重量的70％。在人體的血液中，90%以上是水，水參與人體每一項生化反應，不論是合成營養素、產生能量、代謝廢物到排泄毒素，沒有一樣生化反應不需要水的參與。因此，人能三日無糧，卻不能一日缺水。水對生命的維持具有其他物質所不可取代的地位。喝適量的水有助於將沉積在腎臟的尿酸、藥物及毒素沖走，避免腎結石及腎衰竭。

人一天要喝多少水才足夠呢？如果按體重來計算，一個人一天的基本需水量為，體重（公斤）×30（C.C）。因此一般的成人一天至少需攝取1500至2000C.C的水，才足以維持健康。當然，這些水的來源包括了你所喝的白開水、飲料、湯和水果裡所含的水。

人每天要喝大量的水，更重要的是要喝好水。如果喝的是含有許多重金屬、微生物等有害物質的水，反而死得更快！

飲用水潛藏的三大殺手

到底什麼是「好水」呢？在目前台灣民眾的飲用水裡可能潛藏著三大殺手：

1.重金屬：台灣早期，自來水公司及建築商人使用鉛管來導引自來水至社區住宅，導致水質可能受到鉛污染。雖然目前水公司已逐步汰舊換新，但截至現在仍有許多老舊社區是使用鉛管引水，長期飲用這些含鉛的自來水，可能引起腦病變、腎功能受損及貧血等

飲水中的三大殺手

重金屬 三氯甲烷 微生物

問題。在鄉間仍有部分居民喝的是地下水，可能有重金屬污染的疑慮。台灣早期西南沿海的居民，便曾因長期飲用含砷地下水，引起下肢麻木、烏腳病、膀胱癌等問題。

2.三氯甲烷：自來水中通常會加氯消毒，但水中的有機物質與氯反應，會產生致癌物質三氯甲烷。過量的三氯甲烷可以引發腎臟癌和膀胱癌。

3.微生物：山泉水一般清澈透明，使民眾常以為沒有受到汙染，且無毒無害。事實上，山泉水流經的山區地表示一個開放系統，會受到山區人類活動及動物排泄物汙染，有可能含有肉眼看不到也感覺不到的微生物或寄生蟲卵汙染，千萬不可生飲或盥洗。過去曾有民眾喜好用山泉水洗臉及在山泉裡游泳，導致水蛭幼蟲鑽入鼻腔，而後引起流鼻血。

破解網路水的傳言

在日成生活中，我們每天都要飲用大量的水來滿足生理的需求及排泄體內毒素，如果每天飲水的水質有問題，將是非常可怕的

事。因此每天喝好水是一個攸關人生彩色與黑白的重要問題。市面上水各式各樣、琳瑯滿目的飲用水，究竟要喝什麼水最好呢？目前，網路上流傳著許多似是而非的水知識，令人啼笑皆非，例如，有人PO文說：「純水絕不能喝，它是對健康沒有任何好處的『窮水』，因為不含人體需要的礦物質。」也有人說：「因為純水不含任何礦物質，因此人體需要的鈣、鎂、鋅、硒、銅、鐵等微量元素通通不見了，長期飲用會對人體造成骨質疏鬆症、血管疾病和心臟病。」甚至有人留言：「千萬不可用逆滲透水、蒸餾水等純水沖泡牛奶或當開水給嬰兒喝，因為會造成生長遲緩或智力發展不良。」

其實，這些網路傳言可能是某些商人為了搶攻市場，故意製造出的假知識。想想看，**礦物質最主要的來源是我們吃的食物，而非水。**只要飲食均衡，喝RO逆滲透純水絕不會產生礦物質不足的問題。

小孩子喝逆滲透水會發育不良或長不出牙齒嗎？答案是不會的。水中的鈣、鎂等礦物質含量很低。要補充鈣質應多喝牛奶而非礦泉水，要補充鐵可多吃紅肉，要補充鎂可多吃綠色蔬菜，銅存在於堅果類食物中，硒則存在於五穀雜糧中，只要飲食均衡，不論喝什麼水都不用擔心缺乏礦物質。

鹼性水、礦泉水、純水，哪種水最健康？

在廣告中，常見到賣鹼性水的公司說：「喝鹼性水可以改變身體的酸鹼體值。」而賣礦泉水的公司則說：「礦泉水含有純水沒有

的礦物質，有利健康。」到底喝什麼樣的水最好呢？事實上，**喝鹼性水基本上不會改變體質**，如果鹼性飲料有益健康，豈不是天天要喝蘇打水？

　　人的胃內有胃酸會中和掉鹼性水；同時，人體的腎臟是天下最好的酸鹼調節機，可使人體血液的PH值保持在7.4的弱鹼性。維持體內的酸鹼平衡最主要的是要好好地愛護你的腎臟，不要亂吃成藥造成損傷。至於礦泉水含有多種微量礦物質，可作身體的微量營養補充，是不錯的飲用水；但是必須注意其水源與品質控管。因為在一般礦泉水的處理過程中，無法完全分離掉鉛、汞等有害物質。至於飲用山泉水則須非常注意重金屬含量過高或生菌數過多的問題，目前坊間的加水站良莠不齊，水質堪慮。

　　那麼喝哪一種水最純淨、最安全、最健康呢？答案很簡單，RO逆滲透水。RO逆滲透水是採用孔隙非常小的薄膜，利用逆滲透的原理，將水中的所有雜質、礦物質、有機物、細菌等濾除。因此，經

記者現場報導

台灣繼食安風暴後，又接二連三的發生毒茶風暴，從最早的「英國藍」的玫瑰花茶被發現含有農藥芬普尼，而後各個知名的手搖飲名店，如50嵐、玫瑰夫人、咖啡弄、初鹿牧場及天仁茗茶等知名茶飲料紛紛淪陷，都被檢測出芬普尼、三落松、達滅芬和安丹等殺蟲劑及殺菌劑超標；其中「玫瑰夫人茶」甚至還被驗出不得檢出的殺蟲劑納乃得。而由台北市衛生局抽驗的16件市售花草茶和9件茶葉的檢驗報告顯示，6件產品有農藥超標的情形，不合格率高達24%。在此「毒布全台」的時候，到底我們要喝什麼止渴呢？其實，喝純淨的水是最好的解渴法寶。

逆滲透處理過後的自來水可說是純水。只要家裡裝一台RO逆滲透淨水器，定期（約三個月）更換濾心，就能喝到純淨、健康、安全的水。

自來水煮沸時最好打開壺蓋，續煮沸3~5分鐘，讓三氯甲烷得以揮發殆盡。並記得掀蓋時，最好站在通風處或使用抽油煙機抽風，以免吸入三氯甲烷。

飲用水大評比

種類	優點	缺點
自來水	微生物及重金屬含量少。基本上是優質飲用水。便宜。	含氯。可能因輸送管線問題，造成鉛污染。
礦泉水	含微量礦物質，可補充營養素。基本上是優質飲用水。	無法完全排除鉛、汞等重金屬污染的問題。
山泉水	含微量礦物質，可補充營養素。	無法排除鉛、汞等重金屬污染的問題。也可能有微生物污染。基本上不是安全的飲用水。
地下水	含微量礦物質，可補充營養素。	無法排除鉛、汞等重金屬污染的問題。也可能有微生物污染。不是安全的飲用水。
鹼性電解水	含微量礦物質，可補充營養素。	無法排除鉛、汞等重金屬污染的問題。需些許花費。
海洋深層水	含微量礦物質，可補充營養素。	無法排除鉛、汞等重金屬污染的問題。也無法排除微生物污染的問題。
RO 逆滲透純水	是一種不含微生物、礦物質、有機物的純水，是最佳的飲用水。	需些許花費。

如何吃生機飲食才能養生又安全？

生機飲食的確可以提供較多的維生素、植物酵素和植物化素，是不錯的養生之道，但如果忽略了細菌汙染和寄生蟲問題，「養生」就可能就會變成了「搏命」！

記者現場報導

2015年5月4日的中天新聞曾報導,食藥署抽驗市售非即食的豌豆苗、苜蓿芽等生鮮芽菜類產品,發現40件當中就有39件大腸桿菌數超標,比例高達九成七。此外,有6件還驗出金黃色葡萄球菌;其中有1件豌豆苗及1件苜蓿芽的葡萄球菌還具有產生腸毒素的能力,一旦生吃下肚,極可能引起急性腸胃炎,造成噁心、嘔吐及腹痛、腹瀉等問題。如果這些生菜裡的病源菌接觸到抵抗力不好的老人或病人,甚至可能導致敗血症及死亡。因此這些大賣場及超市販賣的非即食豌豆苗、苜蓿芽,如果想要生食,買回家一定要用流動活水沖洗,徹底洗淨後才能食用。否則不但沒有辦法達到養生的效果,還可能會賠上健康。

　　天然ㄟ尚好!健康當道,生機飲食大流行,變成廣為人知的另類療法,對各種文明病纏身的現代人來說,生菜沙拉、精力湯等生食儼然成為一種時尚飲食,這種新興的飲食提供了找回健康的希望,也喚起人們對飲食變革的省思。

　　所謂生機飲食,是指食用未經烹煮的食物。蔬菜沒有經過烹煮,確實可以保留較多的水溶性維生素和不耐熱的營養素及酵素,因此,許多大病初癒的病患,都會使用生機飲食,希望找回健康。

　　就營養學的觀點來看,生機飲食的確可以提供較多的維生素、植物酵素和植物化素,是不錯的養生之道,但如果忽略了細菌汙染和寄生蟲問題,「養生」就可能就會變成了「搏命」!

　　曾經風光一時的台灣金蘭鍾姓家族的老董事長原本十分重視養生，去日本玩時聽到有人說生吃蝸牛很補，就自己在家裡養了非洲大蝸牛，還親自餵蝸牛吃青菜，一直等到蝸牛排出綠色糞便後，才做成生菜沙拉吃；但後來不幸卻因吃生機飲食，感染了廣東住血線蟲，結果造成自己及家族內多人死亡；一夕之間，幾乎滅門，就是血淋淋的例子。

　　事實上，吃生食最可怕的還是感染到噁心的寄生蟲。根據高雄榮總的一項研究顯示，從1991年到2009年間，高雄榮總共計收治了37名感染「廣東住血線蟲」而引發腦膜炎的病患，其中2人死亡。

　　分析這些病患的感染源，發現7個人是喝精力湯（生蔬果汁），22個人是吃了生螺肉，1個人是吃了生蛙肉。

　　過去，高雄市曾爆發一個賣生機飲食的家族集體感染廣東住血線蟲的案例。這個家族經營早餐店，老闆不但賣精力湯（由苜蓿芽、地瓜葉及水果打成）給客人，自身也是生機飲食的奉行者。老闆每天固定飲用500C.C的精力湯來防治便祕及養生。某天，家中多人同時出現了發燒、頭痛、肢體麻木的神經症狀。住院治療後，發現血液中嗜伊紅性白血球大幅增高，這一般是身體對過敏或寄生蟲感染所出現的生理反應。結果，經過腦脊髓液的檢查，證實他們都感染了廣東住血線蟲症，而且蟲子鑽到腦腔中，造成腦膜炎。所幸，後來病人們經過及時的治療後，全都完全康復。

　　因此，食用生鮮蔬果時，如果沒有將蔬果清洗乾淨，真的是搏命。而最好的清洗方法是先去掉表層的葉片，同時用活動的清水沖洗至少5分鐘，以清除細菌、寄生蟲及殘存農藥。另外，作蔬果汁

吃
病

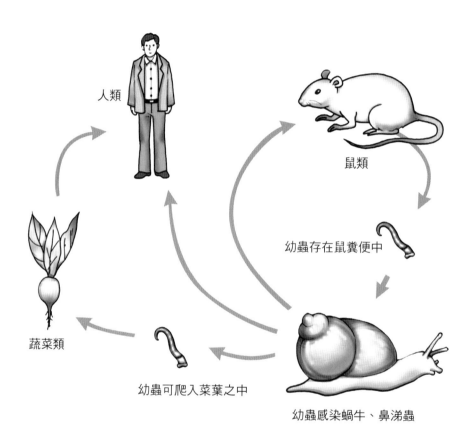

人類

鼠類

幼蟲存在鼠糞便中

蔬菜類

幼蟲可爬入菜葉之中

幼蟲感染蝸牛、鼻涕蟲

圖8-1
人類經由吃蝸牛或蝸牛爬過的蔬菜感染線蟲幼蟲，引起腦膜炎。

或精力湯時，不妨採用高馬力的果汁機（如Vita-Mix及Blendtec果汁機），一方面可打破植物的細胞壁，釋放較完整的營養素，還可以擊碎寄生蟲及蟲卵，避免蟲蟲危機。此外，若不想吃生食，又希望多保留一些蔬菜的營養素，可用熱水川燙30秒至1分鐘，如此一來絕大部分的細菌、寄生蟲及蟲卵都會被殺死。

在崇尚天然飲食的現代社會，我們不但要吃得營養，還要活得健康。千萬不要生食螺類，食用生機飲食前必須確定食材已確實清洗乾淨，以免不慎感染寄生蟲而賠上了健康。

 許醫師醫療小教室

廣東住血線蟲是一種相當可怕的寄生蟲，常見於東南亞地區及太平洋島嶼，喜歡寄生於蝸牛、福壽螺、青蛙及蛞蝓體內。當蝸牛爬過蔬菜，留下黏液，黏液上就可能存在有線蟲的幼蟲。當人類不小心吃到黏液污染的生菜或食用受線蟲污染的未煮熟螺類，蟲子就可能進入體內循環全身，最後侵入腦部、脊髓等神經組織，造成腦膜炎，並引起各種神經學症狀（參見P116圖8-1）。其中，又以急性劇烈的頭痛最為常見，也可能出現發燒、噁心、嘔吐、頸部僵硬疼痛等症狀，如果嚴重，可能致死。近年來，台灣許多地方都發生過廣東住血線蟲的案例，其中以外籍勞工生食螺類及生機飲食者生食蔬菜所引起最常見。

我是怎麼吃到別人的大便的？

患者常會問我：「醫師，我是怎麼感染到幽門螺旋桿菌的？」

我說：「最有可能是不小心吃到別人的大便！」

患者：「怎麼可能？我怎麼會吃到別人的大便？」

全球大概有一半的人口感染有幽門螺旋桿菌，在臨床上，我經常幫患者開藥，根除此一細菌。患者在接受治療時，常會問到：「我是怎麼感染到幽門螺旋桿菌的？」我總會告訴他們：「最有可能是不小心吃到別人的大便！」患者常大吃一驚，張大了嘴，皺著眉問道：「怎麼可能？我怎麼會吃到別人的大便？」

不過，事實上很可能的確是如此。其實不只是幽門螺旋桿菌，許多腸病毒、霍亂、痢疾、傷寒、副傷寒和A型肝炎的感染，大都是經過糞便傳染。就幽門螺旋桿菌而言，它喜好胃裡的環境，在病患的胃裡，它可以悠遊自在、快樂的與你共處一輩子。但是，一旦離開胃部，進入腸道或排出人體外，大都只能存活數個小時。因此，當患者沒有腹瀉，排便正常時，糞便中不易出現活的幽門螺旋桿菌；但當患者發生腹瀉時，就很容易在他們的糞便中培養出幽門螺旋桿菌。

幽門螺旋桿菌的傳染途徑

想想看，像麥當勞之類的大型速食店一天光顧的人數大概有數百人，這些人當中約有一半感染幽門螺旋桿菌；如果這些人中有一位當天剛好有腹瀉的情形，同時在用衛生紙擦屁股的時候，發生衛生紙破裂，糞便汙染到手的狀況。當患者如廁出來到洗手檯洗手的時候，極可能雙手會將糞便裡的細菌沾染在水龍頭上或門把上。如果你當日恰巧到該速食店用餐，在餐前洗手時，又恰巧使用到患者用過的洗手檯。當然，當你剛洗完手時，手部是乾淨的，可是當你去關水龍頭或打開廁所大門時，很不幸的，你的手可能就會汙染到

別人的大便。如果而後又馬上拿起薯條或漢堡吃，你可能就會同時吃到別人的大便或大便中的幽門螺旋桿菌了！

要避免幽門螺旋桿菌的傳染，首先要了解如何正確的洗手。一般人在公共場所洗手後，常直接用手關水龍頭及轉門把。如此，常易使剛洗淨的手受到二次汙染。因此，我們在公共場所洗手之後，應先拿擦手紙擦擦手，而後將擦手紙包在水龍頭上，把水龍頭關起來，再以擦手紙轉開門把；在離開廁所之後，才把擦手紙丟掉。唯有如此，才能真正避免遭到水龍頭及門把上的細菌污染。

幽門螺旋桿菌的傳染途徑 —— 糞口傳染

  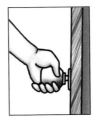  

| 患者腹瀉時，糞便裡存在有幽門螺旋桿菌。 | 患者擦屁股時，可能會因為衛生紙破裂而讓糞便汙染了手。 | 患者開門時，帶有幽門螺旋桿菌的糞便可能汙染門把。 | 其他人開門時，手可能摸到門把上帶有幽門螺旋桿菌的糞便。 | 以手拿食物吃時就會把幽門螺旋桿菌吃進胃裡。 |

幽門螺旋桿菌也可能經口傳染。如果受幽門螺旋桿菌感染的人恰巧也有胃食道逆流性疾病，幽門螺旋桿菌也可能經由胃液的逆流來到口腔，而在口腔裡存活數個小時。當這時候發生接吻的情形時，愛侶之間便可能彼此傳染幽門螺旋桿菌。

由於，幽門螺旋桿菌在胃中只能存活短暫的時間，因此幽門螺旋桿菌帶原者如果沒有胃酸逆流的情形，經過口對口的方式將細菌傳染給他人的機會並不高，所以基本上還是可以與親密伴侶接吻，也可以與家人同桌共餐。不過，為了安全起見，在接吻時，最好採用中式乾吻，避免法式熱吻。與家人共餐時採用公筷母匙，以避免唾液污染食物。當然，餵食嬰兒時，用自己口咬碎食物再行餵食的習慣，十分不衛生，一定要避免，以維護嬰兒的健康。

怎樣避免幽門螺旋桿菌的傳染

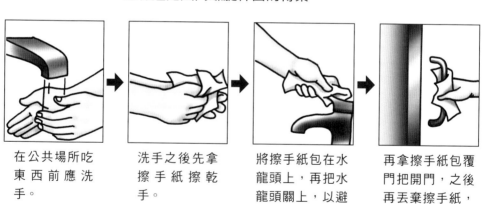

在公共場所吃東西前應洗手。

洗手之後先拿擦手紙擦乾手。

將擦手紙包在水龍頭上，再把水龍頭關上，以避免手遭到水龍頭上的幽門螺旋桿菌的汙染。

再拿擦手紙包覆門把開門，之後再丟棄擦手紙，以避免手遭到門把上的幽門螺旋桿菌的汙染。

別人的美食可能是你的毒藥

每個人先天的體質不同，在接觸到某些會對沖的食物，可能因為過敏或耐受不良反應，而產生各式各樣的身體不適。所以必須十分留意自己不適合吃何種食物，否則別人的美食可能成為我們的毒藥。

根據英國的一項問卷研究顯示，有20%的人吃某些特定的食物會產生身體不適的反應，這些不適反應包括心悸、腹瀉、起疹子、流鼻水、呼吸困難，甚至休克。的確，每個人先天的體質不同，在接觸到某些會對沖的食物，可能因為過敏（allergy）或耐受不良（intolerance）反應，而產生各式各樣的身體不適。例如，某些人不能喝咖啡，只要喝一點咖啡就會心悸、睡不著；而有些人不能喝牛奶，一喝就拉肚子；而有些人不能吃花生，一吃花生就會產生休克，甚至一命嗚呼！

這種自然界中相生相剋的情形實在十分奧祕且令人驚嘆。不過，在日常生活中，我們的確必須十分留意自己不適合吃何種食物，否則別人的美食可能成為我們的毒藥。同時某些食物引起的身體不良反應進行較為緩慢，並非立竿見影，容易被蒙蔽。而即使是醫師，也常忽略這些問題。

引起食物對沖反應的機轉

一般而言，這種具有體質特異性食物不良反應產生的機轉可分為二大類：一類是因為食物耐受不良；另一類是因為食物過敏（參見P125圖）。

一、食物耐受不良

食物耐受不良是個十分常見的問題，最常見的就是乳糖不耐

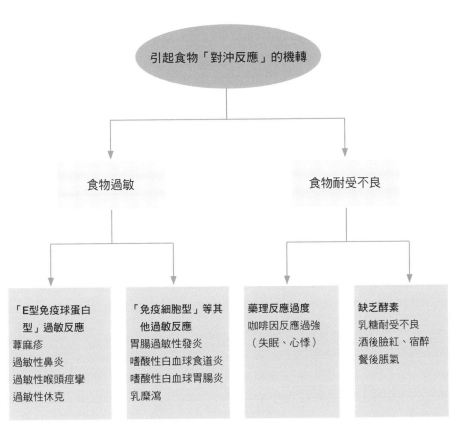

引起食物對沖反應的致病機轉可以分為「食物耐受不良」與「食物過敏」二大類。

症。大約有20%的歐洲人和美國人，及90%的亞洲人和非洲人，具有乳糖不耐症的問題。

乳糖不耐症

　　乳糖不耐症發生的原因是人體內的乳糖酶基因有缺陷，無法製造足夠的乳糖酶以分解攝入的乳糖。在一般飲用的牛奶中約含有5%的乳糖，如果體內的小腸上皮細胞缺乏乳糖酶，無法將全部的乳

許醫師的健康叮嚀

　　乳糖不耐症的症狀有腹脹、腹瀉、腹部絞痛、腹鳴、放屁連連。在日常生活中，患有乳糖不耐症的人可以用以下的小妙方來克服困擾。

　　1.飲用優酪乳：優酪乳含有牛奶中的各種營養成分，而其中的乳糖大多已被乳酸菌分解，所以特別值得推薦給乳糖不耐的人飲用。

　　2.喝無乳糖牛奶：為了因應廣大市場的要求，亞培、諾華及恩美力等公司都已出品了「無乳糖」的奶品，其中部分還標榜高鈣及添加多種維生素等特質，可讓乳糖不耐的人能暢飲香醇的牛奶，並充分享用其中的優質蛋白及豐富的鈣質和維生素。

　　3.避免大量食用含高乳糖的牛奶、乳酪、沙拉醬、冰淇淋、奶昔、起酥、奶油及牛奶餅等食品，以避免造成腸胃不適。

　　4.乳糖不耐症的患者如果真的很想喝牛奶，除了可以試喝低乳糖的乳品外，還可以購買乳糖消化酵素藥片（如Lactaid及 Dairy relief）。在喝牛奶前，先吃1-2顆，就能有效消化乳糖，避免脹氣及腹瀉。

糖分解為葡萄糖和半乳糖，那麼未被分解的乳糖在小腸中便會產生吸水作用，使人發生水瀉的情形。同時，未被消化的乳糖到了大腸更會被細菌分解、發酵，產生大量的乳酸、二氧化碳及氫氣，使人發生腹脹、放屁的問題。此外由於乳酸的刺激，還會使腸道蠕動過快，誘發痙攣，而引起腹痛。

乳糖不耐的發生往往與年齡有關，大多數的患者在嬰兒時期，小腸黏膜的上皮細胞尚能製造充裕的乳糖酶。但是到了兩、三歲的時候，這種製造能力就開始衰退；到了成人時期，便會出現明顯乳糖不耐的情形。所幸，絕大數的人並非完全不能喝牛奶，只是由於乳糖酶的製造量不足，無法盡情享受喝牛奶的樂趣罷了！

患有乳糖不耐症的人常會有鈣質缺乏的情形，因為牛奶是體內鈣質、蛋白質與維生素B群的重要來源，如果對香醇可口的牛奶敬謝不敏，又未補充足夠的鈣質及蛋白質，便容易造成營養不良、骨質疏鬆的問題。所以患有乳糖不耐症的人宜可多吃小魚乾或補充適量鈣片，以免骨質流失。此外，也可藉飲用豆漿、米漿等飲品，以補充蛋白質及維生素。

除了乳糖不耐症是因為分解食物的酵素不足外，一個人酒量的好壞也決定於體內乙醛去氫酵素（aldehyde dehydrogenase）的多寡，如果這種分解酒精的酵素量過少，飲酒後就容易引起體內乙醛累積，造成酒後的臉紅及頭痛。一些老人家進食後容易脹氣則與老化因素所引起的腸胃道上皮細胞分泌消化酵素不足有關。如果能夠補充一些消化酵素，常可以改善脹氣的情形。

喝咖啡為什麼會心悸、失眠

有些人喝咖啡後會引起心悸和失眠，主要是由於這些人的腦細胞與心肌細胞對咖啡因引起的藥理反應較為敏感有關。

「咖啡」一詞源自西臘語Kaweh，意思是力量與熱情。從古到今，人類喝咖啡的歷史已超過一千五百年，這種神奇的黑色飲料襲捲全球，光在美國，每日即有大約一億五千萬人喝咖啡，可見咖啡影響著全球數億人的生活，甚至健康。咖啡內含千種以上的物質，除了常被提到的咖啡因之外，還含有酚類化合物（phenols）、咖啡酸（cafeic acid）、咖啡醇（cafestol）、含綠原酸（chlorogenic acid）及葫蘆巴鹼（trigonelline）。其中的葫蘆巴鹼是咖啡苦味的主要來源之一。

許醫師的健康教室

究竟一個人一天能喝幾杯咖啡呢？依據最新（2015年版）美國飲食指南的建議，一個人一天攝取的咖啡因量的上限是400毫克。一般一包即溶咖啡的咖啡因含量是100毫克；現煮咖啡的咖啡因含量與咖啡豆的烘培方法及煮咖啡的方式有關；就星巴克咖啡而言，一份義式濃縮咖啡約含65毫克的咖啡因，中杯的美式咖啡約含有150毫克的咖啡因，所以一天的上限為2杯。以濾滴方式煮成的每日精選咖啡，因萃取時間較長，一個中杯就約有240毫克的咖啡因，所以一天不能喝超過2杯。

咖啡中的咖啡因是一種中樞神經興奮劑，能暫時驅走睡意並恢復精力，因此咖啡常被忙碌的上班族用來提振精力。不過，咖啡喝多了，可能會引起胃酸逆流、胃蠕動減慢（容易上腹脹）、腸蠕動增快（容易腹瀉），甚至有引起骨質疏鬆的疑慮。而習慣每天喝咖啡的人，一但停止飲用還可能會出現頭痛、嗜睡、注意力無法集中的戒斷症狀。

在分子結構上，咖啡因與人體一種重要的神經及肌肉系統的傳遞物質腺苷（adenosine）的構造很類似。腺苷在與腦細胞上的接受器結合後會引起愛睏的反應；而與心肌細胞結合後，會引起心跳減慢。由於咖啡因可以佔據腦細胞及心肌細胞的腺苷接受器，導致人體內的腺苷「英雄無用武之地」，因此具有提神的效果，同時也會引起心跳增快。對咖啡敏感的人，主要是因為體質的關係，咖啡因在其體內鳩佔鵲巢的反應特別強烈，因此容易造成失眠及心悸。

二、食物過敏

食物過敏是另一大類的食物不良反應，基本上，又可分為「E型免疫球蛋白（IgE）型」及「免疫細胞型」兩類的過敏反應。食物過敏的發生率其實也不低，在美國的盛行率約3%。它的發生率與年齡有滿大的關係，依據2005年在美國進行的一項國家健康營養普查（Nationl Health and Nutrition Examination Survey）顯示，在1~5歲的小小孩盛行率為4.2%，6~19歲的小孩盛行率為3.8%，而60歲以上的成人最少，約1.3%。最容易引起過敏的食物為牛奶、蛋、花生、堅果、豆類及甲殼類動物（蝦、蟹）（參見P130表）。

容易引起急性過敏的食物

「E型免疫球蛋白」引起的過敏反應常來得相當快，常在進食後數分鐘至兩個小時內發生，常見症狀包括皮膚癢、蕁麻疹、流鼻水及呼吸困難，嚴重的會引起休克。有些人在吃蝦、蟹等海鮮及花生之後，引起的急性過敏反應大多屬於這個類型。發生的原因主要是因為具有這種過敏體質的人，體內的一種巨大細胞（mast cell）的細胞膜上具有這些過敏原的E型免疫球蛋白。當人體攝入過敏原後，過敏原會與E型免疫球蛋白結合，引起巨大細胞釋放出細胞內的組織胺（histamine）；而組織胺會引起血管擴張，導致局部血液滯留，同時也會引起微血管壁的滲透性增加，導致血液中的水分大量跑出血管，在局部組織形成水腫。

美國成人與兒童食物過敏的盛行率		
	食物	盛行率
兒童	牛奶	2.5%
	蛋	1.3%
	花生	0.8%
	豆類	0.4%
	堅果	0.2%
	甲殼類動物（蝦、蟹）	0.1%
成人	甲殼類動物（蝦、蟹）	2.0%
	花生	0.6%
	堅果	0.5%
	魚	0.4%

這種水腫如果發生在皮膚，就是蕁麻疹；如果發生在氣管，會引起氣管阻塞，造成氣喘。要避免E型免疫球蛋白型的過敏反應，最重要的是要忌口，避免再吃到這些會引起過敏反應的食物。

過敏原

「免疫細胞型」的食物過敏發生緩慢，可能產生於攝取食物後數天，甚至數月，因此十分不容易察覺。發生的機轉十分複雜，與人體的T型淋巴球、巨噬細胞與嗜酸性白血球的發炎反應有關。引起的疾病包括濕疹、異位性皮膚炎、嗜酸性白血球食道炎（eosinophilic esophagitis）、及嗜酸性白血球腸胃炎（eosinophilic gastroenteritis）。嗜酸性白血球細胞內含有組織胺、過氧酶、核醣酶及脂肪酶等細胞素，如果侵入食道，釋放出大量細胞素，會引起食道的嚴重發炎、水腫和組織壞死，引起胸痛及吞嚥困難；若大量嗜酸性白血球侵入胃部、小腸及大腸，則可能引起胃腸道出血、腹瀉及腸道阻塞。

研究顯示，最常引起免疫細胞型過敏反應的過敏原是牛奶、蛋、豆類、花生、麥麩及甲殼類食物（如蝦、蟹）。治療上，除了使用類固醇及抗組織胺藥品外，避免吃到引起過敏反應的過敏原也十分重要。

另一項研究顯示，大部分患有嗜酸性食道炎的小孩，在避免食用上述六種食物後，食道發炎會消失。

免疫細胞型的過敏性疾病（如濕疹、嗜酸性食道炎及胃腸炎）因為發生緩慢，患者往往無法確知過敏原是什麼。**患有濕疹、異位**

性皮膚炎、嗜酸性血球食道炎或胃腸炎的人，如果不了解自己對何種食物過敏，可以先同時避免吃牛奶、蛋、豆類、花生、麥麩、甲殼類動物等六大食物，等症狀明顯改善或消失後，再一次嘗試吃其中一種食物，看看症狀是否復發。這樣就可以了解過敏原為何，並知道自己究竟可吃哪些食物。

飯吃七分飽，延年又健康

當血中飢餓素增高時，大腦裡的海馬迴的血液供應會增加，有助於思考能力。飢餓素還可以促進腦下垂體分泌生長激素，使人更有活力，身形變得更年輕。吃七分飽可以激活腦中的長壽分子，讓人變得更年輕。

　　健康又長壽是每個人心中的夢想，不過長生不老畢竟是不可能的事，而人類最多究竟可以活幾歲呢？法國的學者弗杭蘇瓦曾提出一套理論，認為健康動物的壽命約為牠們成長所需時間的五至六倍。例如，小狗的生長發育期約為2年，所以狗的壽命約為5~12年左右。而人的成長期約為20~25年，所以健康人類的壽命約為100~150歲。而由人類的細胞分裂的研究顯示，人類的胎兒細胞在體外分裂至五十次之後，就會完全停止分裂活動。而人類細胞分裂一次的間隔時間，平均約2.5年；由此推估人類該有壽命應為125歲。因此，如果保持健康，人類的壽命可達120歲以上。

　　不過，要怎樣吃才能保持健康，又能延年益壽呢？由一項發表在國際知名期刊《科學》上的動物研究發現，長期處於七分飽的猴子，30年後的存活率達37%，而每天吃飽且不限飲食的猴子存活率只有13%。同時，每天吃飽飽的猴子老化較快，皮膚顯得較為粗糙，毛髮脫落也較多。這項研究顯示，限制飲食確實是延年益壽、阻斷老化的仙丹妙藥。所以，古代的道家主張過午不食，是有其道理的。長壽人口眾多的日本也有一句俗諺：「吃八分飽不生病，吃十二分飽醫生不夠用。」而日本的養生專家石原結實也強調「空腹」是養生靈藥。

　　其實，現代人會產生許多文明病，如代謝症候群、高血壓、糖尿病、心臟病、腦中風等，都跟吃得太多、營養過剩有關。

空腹的神奇力量

空腹究竟可以產生什麼樣神奇的力量呢？許多人大概都有經驗，吃飽了就想睡覺；這是因為吃東西後，胃腸就要負責消化、吸收，因此血液會集中到胃腸來，提供較多的能量和氧氣給作工的胃腸道。相對的，腦部等其他重要器官裡的血液供應就會變少，因此讓人昏昏欲睡。

肚子餓時，胃會分泌一種叫飢餓素（ghrelin）賀爾蒙；這種賀爾蒙可以順著血液來到人類腦部的下視丘，產生促進食慾的功能。美國耶魯大學的霍爾瓦（Horvath）教授的研究顯示，當血中飢餓素增高時，大腦裡的海馬迴的血液供應會增加，有助於人類的思考能力。所以，空腹可能讓人思考更清明。

飢餓素還可以促進腦下垂體分泌生長激素，使人更有活力，

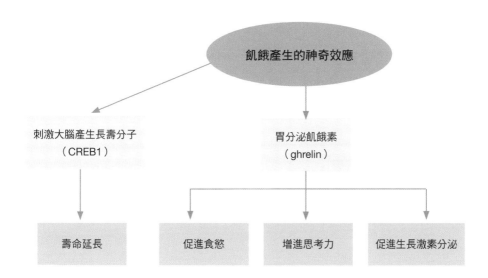

身形變得更年輕。一項來自義大利的研究發現，大腦中有一種長壽分子（CREB1），會影響大腦中記憶、學習、焦慮控制、壽命等運作功能。當實驗中的老鼠受到飲食上的限制時（一天只吃70%的食物），就能激活大腦產生長壽分子，並延長牠們的壽命。因此吃七分飽可以激活腦中的長壽分子，讓人變得更年輕。

不過，我所謂的「限食」並非要你時刻保持飢餓狀態，不吃早餐或斷食，是要你吃七分飽就好。基本上，我反對斷食療法，因為這會讓我們失去應該補充的基本能量，可能因此導致營養不良及免疫力下降的嚴重後果。

在日常生活中，我們每天必須補充基礎代謝所需的能量。所謂基礎代謝是指身體在不動的狀態下，為了維持生命及細胞代謝所需消耗的熱量。一般成人維持每天基礎代謝及日常生活所需的能量約為體重（公斤）×30大卡。例如，50公斤體重的成人，每日約需1500大卡的熱量。我們攝取一公克的脂肪可產生9大卡的熱量，蛋白質一公克產生4大卡的熱量，至於醣類也是一公克產生4大卡的熱量。一般人不必天天去計算每餐吃了幾卡的熱量。但要記得，**健康的成人每餐只要吃半碗飯，同時只要吃到不餓（七分飽）就好**，並非吃到粗飽，甚至還要充當廚餘桶，負責清除餐桌上的剩菜。

另外，攝取食物時要注意保持動物性食物佔約十分之一的比例較佳，同時多吃蔬果。

營養師的低卡飲食小祕訣

1. 少油、少鹽：烹調方式宜改為蒸、烤、煮、燙、燉等方式，避免油炸及過度醃製的食物。吃飯不要拌湯汁，以免湯汁過油而攝取過多熱量，過鹹引起水腫。

2. 不喝含糖飲料，以茶、開水取代。

3. 多蔬多果：攝取各種蔬菜水果，提供身體所需纖維質及各種維生素，幫助體內環保。

4. 多咀嚼：吃東西細嚼慢嚥，吃得快就會吃得多。慢食可讓腦部有足夠時間產生飽足感，避免過食。

5. 改變用餐次序，先喝水，再吃低熱量高纖維食物。如先吃青菜，澱粉及肉類最後吃。

6. 減少熱量小撇步：減少100大卡熱量，約等於少吃三分之一碗飯，或將炸排骨改滷排骨，或少喝一瓶養樂多。減少200大卡熱量約等於少吃半個太陽餅，或一個鳳梨酥，或少喝一杯500ml的全糖手搖飲料。減少300大卡熱量，約等於少吃一個波蘿麵包，或少喝一杯700ml的全糖手搖飲料。

7. 以低熱量食材取代甜點零食：低熱量食物其實就在你身旁，如石花菜、洋菜、蒟蒻、愛玉、仙草、山粉圓，以及菇類、黑木耳、白木耳、海帶、紫菜等蔬菜，都是很好的止飢低熱量食材。

營養師的低卡食譜

低卡食譜

●涼拌小黃瓜：小黃瓜切段略為拍打，加入適量鹽巴醃約 10～ 15分鐘，待其出水。將醃漬過的小黃瓜瀝乾，拌入蒜末及調 味料即可。可將小黃瓜換成海帶絲、大黃瓜、泡菜等，做成 各式低卡涼拌菜。

●滷雙色蘿蔔：香菇去蒂，斜切片；薑切薄片；紅、白蘿蔔切 塊備用。爆香薑、香菇，放入調味料，加少許水，再放入 紅、白蘿蔔，加水蓋住食材，滷約10~20分鐘入味即可。 可加入海帶、冬瓜、蒟蒻等低卡食材。

●檸檬愛玉：先將愛玉用熱水沖洗後，切成小丁。將檸檬切半 取其汁，加入愛玉及開水，食用時可加代糖。白開水可換成 無糖紅茶、綠茶、清茶、烏龍茶等。 愛玉可換成不加糖仙草、山粉圓、白木耳、洋菜凍等。

別吃下心裡的毒

壓力可以引起腸道壞菌生長、慢性疲勞症候群及免疫力下降。但只要你能具有良好的開窗力、找尋力與相信力，一定能天天擁有好心情，享受亮麗的人生。

壓力會牽動人體的自律神經系統、內分泌系統和免疫系統，使人老化得特別快，其影響的程度絕不亞於外來的毒素。在2014年美國國家科學協會的一篇學術報告中，發現長期處於高壓力狀態的人，老化會比常人快上九至十七年。

慢性疲勞症候群

　　人體的自律神經分為交感神經和副交感神經，兩者平時互相拮抗，達成完美平衡。當壓力到來時，交感神經會隨之興奮，使呼吸心跳加速，小肌肉緊縮、血糖升高；此時，副交感神經會受到壓抑，其所管理的胃腸道功能也會受到抑制，因此唾液及腸液的分泌也跟著減少，使得口腔及胃腸道的生態環境變得乾燥，適合壞菌生長。而一旦壞菌大幅增長，便容易產生大量毒素，破壞口腔及胃腸黏膜，造成嘴破、胃漏及腸漏現象，並引起口腔及胃腸細菌毒素循環全身，導致全身性的慢性發炎。

　　副交感神經受到抑制時，其所司的胃腸蠕動也會跟著減緩，容易造成便祕。進而延長大便在腸道內存留的時間，使得壞菌之毒素對腸壁的破壞作用雪上加霜。

　　壓力也會促使人體的腎上腺分泌大量的腎上腺素，使血管收縮、血壓上升，讓血液集中到腦部、心臟和肌肉，以隨時應付各種突發狀況。雖然人體的壓力反應是對付緊急狀況所必須，可是如果長期存在，就會造成體力透支、失眠、思考渾沌。同時，全身小肌

肉的長時間收縮，也會引起壓力性頭痛與身體各處的肌肉酸痛，這就是一般所說的慢性疲勞症候群。

壓力還會促使腎上腺分泌大量的可體松（cortisol）。可體松是腎上腺的皮質所分泌，又稱為皮質醇，具有升高血糖、上升血壓及促進腦神經興奮的作用，故又被稱為「壓力賀爾蒙」。值得注意的是，可體松也具有強烈的免疫抑制作用，如果免疫力長期因壓力受到壓抑，便容易發生嚴重的感染。

由此可知，壓力可以引起腸道壞菌生長、慢性疲勞症候群及免疫力下降。因此如何遠離壓力，保持好心情是件極其重要的事。

克服心毒的「開心三力」

在現代的社會裡，職場的競爭、繁重的課業、飛漲的物價、對立的政治立場和複雜的人際關係等等，常壓得人透不過氣來，要求得好心情還真不是件容易的事。但是如果你能**具有良好的開窗力、找尋力與相信力，一定能天天擁有好心情**，享受亮麗的人生。

開窗力

國內知名心靈成長老師郭騰尹先生曾講過一個發人深省的故事，在一個明亮的清晨，一位小女孩打開一扇窗子向外張望，看見窗外有個人正在埋葬她心愛的小狗，她想到可憐的小狗，不禁淚流滿面。她的外祖父看到了，便把小女孩牽到另一個窗台。打開窗，

窗外是一片盛開的玫瑰花園，花瓣上的露珠正在晨曦中閃耀著光芒。小女孩望著繽紛的玫瑰園，很快就忘掉了原有的悲傷，開朗的心境使她臉上泛起了燦爛的笑容。外祖父托起外孫女的下巴說：「孩子，妳悲傷哭泣，心情鬱悶，是因為妳開錯了窗。」

我很喜歡這個迷人又感性的故事。我們不一定能有一位這麼睿智的祖父，引導我們走出憂鬱，但是如果我們自己就具備很好的「開窗力」，便能作自己的貴人，讓自己每天一早醒來，打開快樂之窗。從正向的角度看待每件事情，自然能擁有一整天的好心情。

事實上，每件事都有不同的面相，聰明的人會引導自己從樂觀的角度作正向思考，把吃苦當作吃補。相反的，愚笨的人會從悲觀的角度作負向思考，並且放任自己的負面情緒，變得自怨自艾。記得我以前剛當醫師的時候，每逢假日遇到值班，就覺得自己很苦命、很倒楣。有一回，我又遇到星期日值班，起初心裡覺得有些苦悶，但走在上班的路上時，我的腦子裡突然靈光乍現，隨即整個人變得快樂起來，因為我體悟到，只要我多工作一天，就能讓更多的人解除病痛；要工作的星期日事實上是一個累積功德的好日子！

找尋力

這世界上，沒有絕對好的事，也沒有絕對壞的事。當我們遇到困難時，是否能夠逢凶化吉，端看我們自己是否能靜下心來，找尋出亮點，解決問題。

我很喜歡太極的哲理，在太極圖裡，一半是黑，一半是白。白色的部分還有一個小黑點，這是告訴我們遇到再好的事情，都不能

得意忘形，必須去注意事情中潛藏的危機。相反的，在黑的那一半裡有個小白點，這又告訴我們，不論如何再壞的事情裡，一定還有亮點；只要我們能找到這個亮點，就能靠它引導我們跳過黑暗，重新來到海闊天空的光明世界。相信我，凡事必有亮點，只是我們必須具備找尋力，可以靜下心來，找出亮點。

　　我在教授升等的過程中曾受到許多刁難，並被要求必須在全球胃腸醫學排名前三名的期刊上發表論文。起初我覺得很難，因為要在這前三名的雜誌上發表論文，一定必須要具備非常傑出的論文創意與大量病例的驗證才行，在人力、物力、時間都難以配合的情況下，我原本想放棄了。後來我靜下心找尋靈感，在讀了眾多論文之

太極的哲理：在太極圖裡，一半是黑，一半是白。白色的部分還有一個小黑點，意味著遇到再好的事情，都不能得意忘形，必須去注意事情中潛藏的危機。相反的，在黑的一半裡有個小白點，這是告訴我們，不論如何再壞的事情裡，一定還有亮點；只要我們能找到這個亮點，就能靠它引導我們跳過黑暗，重返光明世界。

後，發現歐美國有非常廣大人口使用抗血小板藥物（如阿斯匹靈、保栓通）來預防心臟病和腦中風，因此美國知名的學術期刊十分重視抗血小板藥物的相關研究。

於是，我便設計了一項研究，提出預防抗血小板藥物引起消化性潰瘍的新方法，並藉大量病例加以驗證；另外再結合我所熟悉的基因學檢測，進一步提供佐證。結果，果然受到世界排名第一的胃腸醫學期刊《胃腸學》（*Gastroenterology*）的青睞，接受了這篇論文。而且在刊登之時，期刊編輯羅倫・廉（Laren Laine）教授還特別撰文推薦。後來我不但順利升上了教授，還因此於2011年在「亞太消化醫學會年會」獲得了「嶄露頭角之領導人獎（Emerging Leader Prize）」。而世界知名的內科學術期刊《內科學年鑑》（*Annals of Internal Medicine*）更特別將該論文選出為「2011年全球十大胃腸肝膽醫學實證研究」，此為過去華人學者極少獲得的殊榮。

這件事情，讓我體悟到遇見困難有時候並不是壞事，它會強迫我們精進自己的能力，如果我們能冷靜地找出亮點，解決問題，那麼絆腳石就會變成讓我們登天的踏腳石。

相信力

我很喜歡櫻桃小丸子曾經說過的一句話：「你要期待，未來就一定會有許多好的事情發生。」一個人如果希望自己能天天開心，其實很簡單，有一個重要的小祕訣，就是永遠相信「更美好的事情還在後頭」。當你相信這句話的時候，你將會獲得一股神奇的力量，讓你覺得眼前一片光明，不憂不懼，而且更能冷靜下來，整合

各種正能量，有效率的面對各種挑戰，解決各種問題。如果你能持續相信這句話，絕不可能走上自殺的道路。因為會選擇自殺的人，一般都是感到眼前一面黑暗，毫無希望的。如果你能了解更好的事情還在後頭，怎麼可能自殺呢？

事實上，我就是這句話的受益者，在我還不太了解這句話的時候，我偶然遇到一些挫折時，總是很擔心事情的後果而變得有些焦慮；但當我開始相信這句話之後，我變得天天都很開心，對未來的每一天充滿希望，並且不畏懼挑戰。也許你會問：「怎麼可能我們的未來世界一定會更好呢？」其實，人的財富也許會愈來愈少，青春和健康也有一天會離我們遠去，但是更美好的事的確可以永遠在後頭。

那麼什麼是「更美好的事」呢？我想更美好的事，就是人生更快樂的時光。而使我們能變得更快樂的祕訣在於，我們有好的想法，可以懂得人生的加、減、乘、除，如果我們可以不斷地養心，學習用加的方法去關懷他人，用減的方法去消彌仇恨，用乘的方法去感恩惜福，用除的方法去遠離憂慮，自然能變得愈來愈快樂。其實我們每個人都有能力決定讓什麼事情影響自己，也只有我們自己，才能決定自己的樣子。雖然我們從小到大，常被教導只要你成功，你就會快樂，但事實上成功和金錢都無法確保我們贏得快樂，決定我們是否快樂的關鍵並不在成功、金錢、青春與健康，而是擁有好的想法。只有樂觀的想法和感恩的心，才能讓人獲得真正的美好和快樂。我常覺得好的想法是人生最珍貴的東西，如果你能不斷地訓練自己擁有它，你的快樂就會愈來愈多，世界也會跟著變得愈

來愈美好。

在我的病人中，有許多是家財萬貫的富商及社會地位崇高的律師或法官，他們常有許多不為人知的煩惱，未來也可能會罹患重病。雖然有人說：「健康是快樂的基石」，但是生重病的人倒不一定就不快樂。

我有一位年約七十歲的肝癌病患，他曾接受過肝癌的動脈栓塞治療，開始時病情雖然暫獲控制，但後來腫瘤還是不幸復發了。由於當時他的體質虛弱，無法再接受積極治療；於是轉至安寧病房，由家庭醫學科的醫師作長期的安寧照護。有一天，他的太太來找我，她說：「我先生已經在上禮拜過世了，在臨終的時候，他特別囑咐我要來告訴您，他很謝謝您過去的照顧，他覺得他能多活一、二年已經夠本了！他在生病的過程中並沒有受很多苦，請您放心。」這對夫妻樂觀的態度，讓我恍然大悟，了解到原來快樂並不是健康的人特有的權利；只有樂觀的想法和感恩的心才能讓人獲得真正的快樂，也才是最重要的傳家寶。就像向日葵告訴我們的，只要面對陽光，努力向上，日子便會便得單純而美好。

我希望你們也能像我一樣，了解人生的加減乘除，能永遠相信更美好的事情還在後頭；並能藉此

開心三力

避免吃下心毒的三種重要能力

1. 開窗力：打開快樂之窗的能力。
2. 找尋力：找尋亮點的能力。
3. 相信力：相信更好的事還在未來的能力。

靜下心來，努力找尋太極圖中的亮點。並將這個心法傳授給你的孩子，這會讓你們與你們的子女輕易地消除恐懼，面對困難，享受更亮麗美好的人生。

快樂祕方

我常覺得自己是一個容易快樂的人，而且我覺得人生最重要的能力就是懂得如何引導自己走向快樂。也就是能在情緒即將陷入低潮的時候，迅速提醒目己，修正思路，回到愉悅的心情。經過多年的風雨與歷練，讓我保持好心情的生活座右銘是：「全力以赴，知足感恩，肯定自己，幫助他人。」

我的病人常告訴我：「許醫師，你每天好像都很開心，看完你的診，我也變得開心許多。」的確！快樂與憂愁是會彼此傳染的。我常期許自己能看「一百分的診」，我覺得一個醫師如果只懂得如何作正確的診斷和給予病人適當的治療，他只得六十分。如果他還能運用智慧，用心地引導病人作正向的思考，讓他即使在生病的當下，還能快樂的走出診間，這位醫師才是一百分。親愛的朋友，您想樂在生活，優游自在嗎？以下提供一些小祕訣，供您參考：

1 **全力以赴，肯定自己**：計較事情的成敗或上司的臉色往往是煩惱的開始，其實我們應該將打開快樂之窗的鑰匙掌握在自己的手中，不必太在意事情的結果和上司的評價。而應該在意的是自己是否有好好努力過？我每天在臨睡前會問問自己：「今天是否已經全

力以赴了？」如果我覺得自己已經盡力了，就會在心裡給自己一些掌聲。唯有跳脫成敗的框架，才能不憂不懼，發揮更多的潛力，並找回樂觀的自我。

2 **心存感恩**：我們生存在這世上，除了需要靠自己不斷努力之外，一定還需要朋友、長官、同學或家人的支持與協助，同時還常需要仰賴許多不知名的前人所建立的一些既有的設施，才能過日子。因此我們應該了解自己是很幸福的，必須經常懷抱感恩的心，謝謝這些認識或不認識的人。

我說個小故事跟大家分享，我們胃腸肝膽科最近來了一位快樂的清潔人員英娥。她年約四十五歲，每天七點多就來到辦公室，開始辛勤的工作，東擦擦，西抹抹，忙個不停，把每個房間都打掃得一塵不染，深得大家的喜愛。她像個小蜜蜂一樣忙個不停，但她臉上總是堆滿了笑容，作得很起勁。這讓我感到相當好奇，因為她的工作態度與情緒管理和之前幾位年輕清潔人員有很大的差別。之前的人員作事較為被動，而且事情比小瑛少，但卻常面帶愁容，老是抱怨被人使來換去，工作多，薪水少。有一天，我忍不住問她：「妳做得這麼辛苦，怎麼看起來總是很快樂？」她告訴我：「我很喜歡工作，但結婚後就辭去工作，專心相夫教子。現在孩子大了，不需要經常陪伴，因此我希望能再回到職場工作。這是我復出後的第一份工作，雖然是勞力性質的工作，但是我很珍惜，也很感恩，因此作起來也格外起勁。」我想這種感恩惜福的心，才是真正讓我們每個人得以經常保持快樂、年輕、充滿活力的祕密吧！

3 **樂觀知足**：人生有許多苦惱常源自於貪婪和不知足。我們要

了解，快樂的人不在於其擁有得多，而在於其計較得少。常聽到一些朋友說，工作太多，薪水太低，快樂不起來。我總會提醒他們，在這不景氣的時候，保有一份工作，支付基本開銷，累積經驗，已經相當不錯了。

4 日行三善：助人為快樂之本，從助人中我們常常可以領略到自己存在的價值。而行善其實很簡單，也不須花什麼錢；比如撿起地上的紙屑、給路人一個微笑、給朋友一點鼓勵或親切地回答陌生人的問題，都是很好的善行義舉。

5 正向思考：再倒楣的事情裡，總有一件寶。每件事情都有不同的面相，聰明的人會從樂觀的角度作正向思考，把吃苦當作吃補，把絆腳石視為踏腳石。

6 一個時間裡，只解決一個問題：有時候我們會覺得事務繁多，千頭萬緒，壓得自己透不過氣來。這時比較好的處理方式是，委婉地拒絕一些非必要的事情或工作，以減輕負擔。而後，適當地分割自己的時間，在一個固定時間裡，讓自己先拋開其他問題，全神灌注地去解決一個單一問題。事實上，讓我們工作效率差或感到心焦慮疲的主要原因是，我們同時煩惱了兩個以上的問題。

7 想念對你好的人和值得驕傲的事：俗話說：「人生不如意的事十之八九。」如果您想得到胃潰瘍或白頭髮，不妨經常牽腸掛肚一些不如意的事，想念一些對你不好的人。相反地，如果你想常保青春，就該讓不如意的八九事隨風而逝，而經常想起各種值得驕傲與欣慰的一二事和對自己好的人。

8 熱愛工作：雖然工作不像旅遊、喝咖啡、聊是非那般愜意，

但卻可以讓我們感受自己存在的價值。因此一定要熱愛你的工作，畢竟它讓你有事作、有飯吃。

9　樂於學習：不論你還在工作，或已經退休，記得一定要「活到老，學到老」。學習可以訓練你的思考力、記憶力和創造力，並增加你的活力與魅力，同時帶給你無窮的快樂。

營養師的抗壓小祕訣

減壓飲食

1.均衡飲食：每日應攝取六大類基本食物。

2.增加維生素B群的攝取：維生素B群包含B1、B2、B6、B12、菸鹼酸、生物素、泛酸及葉酸等。維生素B群缺乏時，容易出現疲倦、精神不集中等現象。維生素B群來源以全穀類食品，如胚芽米、糙米、五穀雜糧、薏仁、全麥麵包，酵母、瘦肉、蛋、牛乳以及新鮮的蔬菜、水果等。

3.飲食中的鈣與鎂具有穩定神經的作用：每天喝1~2杯鮮乳就足夠一天鈣所需。其他如優格、優酪乳、起司、豆腐、小魚乾也都是良好的鈣來源。鎂的食物來源有深綠色蔬菜、全穀類、乾果類、豆類。

4.深海魚改善抗壓性：深海魚油或魚肉富含EPA及DHA，是良好的omega-3不飽和脂肪酸食物來源。omega-3不飽和脂肪酸會保護腦神經細胞膜，使神經傳導更順暢，所以一星期最好吃3~4次深海魚。

5.多喝水：每天至少喝2000C.C以上的水，來促進體內正常代謝。補充水分最好是喝簡單的白開水、礦泉水。

10 適當的睡眠：睡眠可以讓我們身體的各個器官充分休息，作好維修保養。每天睡眠的時間要有六個小時以上。如果睡眠少於五小時，各個器官欠缺充分休養生息的時間，人便容易老化，同時容易疲憊且焦躁不安。

11 欣賞音樂：欣賞音樂可以陶冶性情、改善情緒。在心情煩悶

容易加重壓力的食物

1.高油脂食物：漢堡、炸雞、薯條、披薩、冰淇淋及帶皮油脂多的肉類等，這些食物會讓頭腦變得遲鈍。

2.高鹽分食物：速食麵、洋芋片、香腸、火腿、熱狗、醃製、罐頭加工食品、醬料等，都含有大量的鹽分，易使血壓上升、情緒更緊繃。

3.高糖食物：加糖果汁、飲料、汽水、甜餅乾、蜜餞及各式精緻甜點等，易使血糖急遽上升又下降，而突然降低的血糖會引發心悸、緊張、焦慮等症狀。

4.含咖啡因食物：咖啡因一旦過量，反而會干擾睡眠，造成焦慮不安、產生壓力，並會加速體內鈣質和維生素B群的流失，所以咖啡、巧克力、可可、茶、可樂等食品，還是適量為宜。咖啡一天不要超過3杯。菸和酒精也都易加重壓力，要盡量避免。

的時候不妨高歌一曲，或聽聽一些流行歌曲、輕音樂、水晶音樂、鄉村音樂和浪漫時期的古典樂。

12 體驗大自然之美：大自然的美景是上帝給每個人最珍貴的禮物，不論是變化萬千的浮雲、炫麗的彩霞、皎潔的明月、滿天的繁星都值得我們細細品味，並從中獲得無限的樂趣。

13 不浪費時間在自責：在每個人的一生中，總需要做許多選擇。有時候，我們會做正確選擇，但有時我們的選擇或許是錯誤的。不管對或錯的選擇都是過去事，浪費時間在責怪自己是最愚笨的，因為消耗掉許多真正可以做些事情的時間，還加速了自己心靈的老化。英國著名的作家布萊克曾說：「辛勤的蜜蜂，永遠沒有時間悲哀。」的確，我們每個人都應該向蜜蜂學習。

14 運動紓壓：運動不但可以瘦身，還可以達到減壓的效果，如慢跑、騎自行車、爬山、游泳都是很好的紓壓方法。而練氣功、作瑜珈及靜坐，都具有安定心靈的功效。

15 補充抗壓營養素：維生素 B 的缺乏會引起神經發炎，使抗壓力減低。當覺得工作壓力過大時，可以補充一些維生素 B 群。此外，鈣、鎂、鉀等礦物質具有安定心神的功效，在牛奶、豆類、柑橘、香蕉中含量豐富，在壓力大時，不妨多補充一些。

13

百病「胖」為先

肥胖者的血液中存在許多發炎因子。這些原本是體內白血球用來對抗病菌的發炎因子散在全身的血液中，攻擊各種正常的細胞。這種全身性發炎常是慢性的、低度的、無聲無息；但它就像是一團小火球，慢慢燃燒，燒上十年、二十年，最後引起各個器官的生病。

在許多人的觀念裡，肥胖只是個關乎美醜的外貌問題。但就健康而言，肥胖會誘發糖尿病、高血壓、冠狀動脈疾病、腦中風、逆流性食道炎、痛風、膽結石、脂肪肝、多囊性卵巢症候群、不孕症及退化性關節炎等疾病。肥胖的人發生乳癌、大腸癌、食道癌、胰臟癌、子宮頸癌及攝護腺癌的機率也較常人為高。研究發現，重度肥胖的人的壽命也較常人明顯較短。因此，肥胖可說是百病之源。1997年，世界衛生組織也明確把「肥胖」定義為一種疾病。

肥胖是百病之源

很久以前，醫學界就注意到，肥胖的人全身有許多器官都呈現發炎現象。近年來的一些研究發現，肥胖者的血液中存在許多引起發炎的物質。這些引起發炎的物質來自肥胖者的白血球，原本是用來對抗外來的病菌，但卻散在全身的血液中，攻擊各種正常的細胞，對人體的健康產生慢性傷害。

例如，有一種引起發炎的物質叫腫瘤壞死因子（tumor necrosis factor）」，它可殺死細菌和癌細胞，但也會破壞正常細胞膜上胰島素接受器的結構，讓胰島素接受器與胰島素結合的能力下降。人體的胰島素是由胰臟內的胰島細胞分泌，在與全身各種細胞上的胰島素接受器結合後，可以將血液中的葡萄糖帶入細胞內，供細胞使用。當細胞上的胰島素接受器與胰島素結合能力變差時，原本一

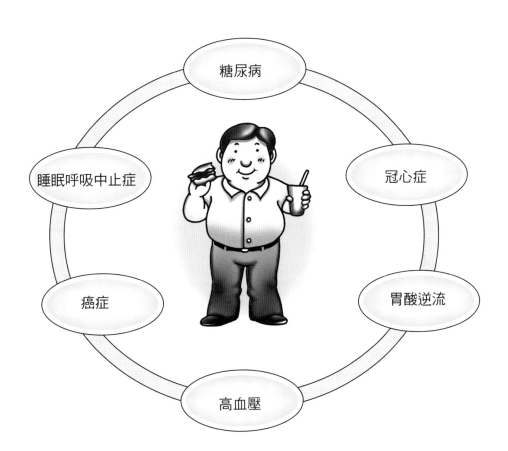

肥胖是百病之源

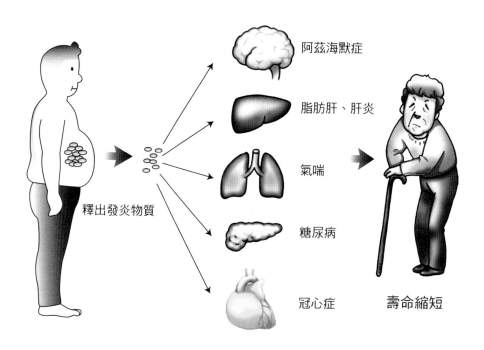

釋出發炎物質

阿茲海默症

脂肪肝、肝炎

氣喘

糖尿病

冠心症

壽命縮短

脂肪組織可釋出發炎物質循環全身，造成全身慢性發炎，並引起各種疾病。

個胰島素就可以引發的帶糖反應，可能就需要兩個、三個，甚至更多的胰島素才能完成；這種現象就是所謂的胰島素抗性（insulin resistance）。長此以往，體內許多細胞的胰島素受體功能愈來愈差，胰島細胞所需分泌的胰島素愈來愈多，最後達到分泌極限，但所產生的胰島素量仍然不足將血中大部份的的糖份帶入各細胞來供細胞使用，導致血中滯留的糖太多，就會產生血糖過高的情形以及糖尿病。

　　肥胖者體內的全身性發炎常是慢性的、低度的、無聲無息。但它就像是一團小火球，慢慢燃燒，燒上十年、二十年，最後引起全身各個器官的生病。這些循環在血管中發炎物質，還會引起動脈血管內壁的破漏（血管漏），使得血管中的膽固醇得以經由破裂縫隙滲入血管內壁，造成動脈硬化斑塊，導致血管阻塞（參見P24圖1-1）。這種情形如果發生在心臟的冠狀動脈，就會引起狹心症及心肌梗塞；如果發生在腦部，就會引起腦中風，令人不寒而慄。

　　為何肥胖的人血中會有許多發炎物質呢？研究顯示，正常人的細胞組織內有許多微血管供應其營養，當細胞組織內的脂肪細胞囤積過多脂肪而變得異常肥大時，會壓迫到這些微血管，引起血液供應不足及組織缺氧情形。久而久之，部分脂肪細胞會因缺氧而壞死，於是誘發體內的吞噬細胞進入脂肪組織清除壞死細胞，並引起一連串的發炎反應。這些發炎的細胞所釋出的發炎物質便會進入血中，進而引起全身的細胞發炎。

肥胖的定義

BMI計算方式為：

$$BMI= \frac{體重（公斤）}{身高^2（公尺^2）}$$

身體質量指數（Body Mass Index，簡稱BMI值），是用來說明依體重和身高關係，訂定的肥胖定義，通常與身體脂肪的含量成正比的關係。BMI值的正常範圍為18.5~24，若小於18.5表示體重過輕，而大於或等於24則表示過重，若是大於或等於27則表示肥胖。

低醣比低油的減重效果更好

了解到肥胖的可怕之後，許多人接著要問：那要如何才能改善肥胖呢？當然，少油、多動、加恆心，是重要的減重法則。但近來的研究顯示，在減重時，低醣比低油效果更好。

成人肥胖定義

	身體質量指數（BMI）（kg /m2）	腰圍（cm）
體重過輕	BMI < 18.5	
正常範圍	18.5 ≦ BMI < 24	
異常範圍	過重：24 ≦ BMI < 27 輕度肥胖：27 ≦ BMI < 30 中度肥胖：30 ≦ BMI < 35 重度肥胖：BMI ≧ 35	男性：≧ 90 公分 女性：≧ 80 公分

成人理想體重範圍

身高（公分）	理想體重範圍（公斤）	身高（公分）	理想體重範圍（公斤）
145	39.0~50.5	166	51.0~66.0
146	39.0~51.0	167	51.5~67.0
147	40.0~52.0	168	52.0~68.0
148	40.5~52.5	169	53.0~68.5
149	41.0~53.0	170	53.5~69.0
150	41.5~54.0	171	54.0~70.0
151	42.0~55.0	172	54.5~71.0
152	42.5~55.5	173	55.0~72.0
153	43.0~56.0	174	56.0~72.5
154	43.5~57.0	175	56.5~73.5
155	44.5~57.5	176	57.0~74.0
156	45.0~58.0	177	58.0~75.0
157	45.5~59.0	178	58.5~76.0
158	46.0~60.0	179	59.0~77.0
159	46.5~60.5	180	60.0~77.5
160	47.0~61.5	181	60.5~78.5
161	48.0~62.0	182	61.0~79.5
162	48.5~63.0	183	62.0~80.0
163	49.0~64.0	184	62.5~81.0
164	49.5~64.5	185	63.0~82.0
165	50.0~65.0	186	64.0~83.0

以色列的依利斯・許愛（Iris Shai）教授曾在新英格蘭雜誌發表一篇膾炙人口的實驗，他把肥胖的病人隨機分成三組，分別給予，

第一組：低油及限制卡路里的飲食，僅有30%的卡路里來自脂肪。男性一天攝取的卡路里限制在1800大卡以內，女性限制在1500大卡以內。

第二組：地中海式及限制卡路里的飲食。富含蔬菜、以魚肉和家禽肉取代牛肉、豬肉及羊肉、一天30~45公克的橄欖油和一把手（五至七顆）量的堅果；整體而言，約35%的卡路里來自脂肪。男性一天攝取的卡路里限制在1800大卡以內，女性限制在一天1500大卡以內。

第三組：低醣類而不限卡路里的飲食。一天的醣類（即葡萄糖、果糖、蔗糖及澱粉等碳水化合物）的總量小於120公克，其他食物的攝取不受限制，一天的卡路里也不限制。

二年之後，大家猜猜看看哪一組飲食的減重效果最佳？

許多人大概會猜有限制卡路里的低油或地中海飲食，答案都不是。事實上，減重最多的竟是不限卡路里的低醣類飲食。

二年之後，接受低油、地中海或低醣飲食的三群人之平均減重量分別為2.9公斤、4.4公斤及4.7公斤。很意外吧，低醣竟有這麼大的功效。

低醣飲食的神奇功效

事實上，低醣飲食的功效還不只如此呢！在第二年結束的時候，三組肥胖者中三酸甘油脂降最多、高密度脂蛋白膽固醇（好的

膽固醇）升最多的也是低醣飲食組。至於低密度脂蛋白膽固醇（壞的膽固醇）降最多的則是接受地中海飲食的肥胖者。

　　為什麼低醣飲食會有如此神奇的功效呢？這主要跟醣類食物容易引發胰島素分泌有關。醣類是指所有由單糖分子組成的碳水化合物，依分子結構可分為纖維、多糖、寡糖、雙糖、單糖。這些醣類食物，例如蔗糖（為一種雙醣）或米飯及麵包等含澱粉（為一種多醣）的食物在消化道內經過酵素分解，都會產生葡萄糖，只是產生葡萄糖的快慢不同。如前所述，人體在攝入葡萄糖後，葡萄糖會刺激胰臟分泌胰島素，胰島素除了可以將葡萄糖帶入細胞，供細胞利用外，還有一項重要的功能，也就是促進脂肪生成，因此吃愈多含葡萄糖的甜食，愈容易誘發肥胖，就是這個道理。

　　基本上，愈甜的食物愈容易迅速刺激胰臟分泌大量胰島素，引起肥胖。所以在減重時，最重要的是要少吃甜食。另外，吃入人體後會產生葡萄糖的澱粉類食物也要少吃些。也就是說，要少吃高升糖指數的食物。升糖指數（Glycemic index）就是指食物被人體吸收

常見的食物GI值

GI 值	食物
低（≦ 55）	全穀食物、豆類、豆腐、花生、綠色蔬菜、水果（鳳梨、西瓜除外）、多數海鮮及肉類、奶油、優格
中（56 ～ 69）	義大利麵、糙米、栗子、麥片、芋頭、南瓜
高（≧ 70）	糖果、煉乳、白飯、貝果、烏龍麵、麻糬、吐司、玉米、山藥、馬鈴薯、巧克力

後，引起血糖上升的指數，簡稱GI值。

選擇低GI的食物

　　低GI飲食的理論，是說吃了低升醣指數的食物以後，血糖不會快速升高，胰島素就不會急著把太高的血糖存成脂肪，也就不會變胖。不過，雖然蛋白質食物和脂肪等食物升醣指數低，但食用過多，還是會被轉化為膽固醇或三酸甘油脂貯存。

營養師的知識補給站

降低GI小祕訣

　　1. 酸味食物、高纖維：吃高GI食物時，可和酸味食物（例如醋）一起攝取；而高纖維食物能降低消化速度，有效避免血糖值迅速上升。

　　2.避免飯後吃甜點：吃飽飯後血糖值正在上升，此時若再攝取含糖量高又精緻的甜點，只會讓血糖飆升更快，可改以適量低GI水果取代。

　　3.少加工、簡單烹調：加工、烹調方式等都會影響GI值，像是生菜的GI值便比煮熟後的蔬菜低、糙米就比胚芽米和白米好。

　　總而言之，選擇低熱量、低GI的食物，並且細嚼慢嚥，透過GI值控制食物品質，搭配GL值來控制食物的份量，可以讓你吃得更輕鬆更健康。

學界設定葡萄糖的GI值為100，再將各種食物以葡萄糖為標準，比較之後計算出其升糖指數。GI值能告訴我們，食物多快變成血糖，GI值越高，表示食物轉變成脂肪堆積的機會越高。同一種食物如果烹調方式不同，GI值也可能會改變，如洋芋片的GI值就要比水煮的馬鈴薯GI值為高。另外，含膳食纖維越多的同類食物GI值也會不同；如白米的GI值就遠比糙米為高。

簡單來說，越容易使血糖快速上升的食物，GI值就越高，像糖

地中海飲食

近年來，地中海型飲食被視為是健康的飲食方式，所謂地中海式飲食，是泛指希臘、西班牙、義大利和法國等地中海沿岸的國家，富含橄欖油、堅果、魚類、水果、豆類和全穀類的飲食風格。有醫學報導提出，地中海式飲食可降低罹患心血管疾病的風險和減緩失智症發生。

地中海式飲食的重點包括：

1.多攝取蔬果、豆類、未精製穀類：蔬果中富含維生素C、E，屬於富含抗氧化物質的食物。

2.使用橄欖油等單元不飽和油脂來烹調或拌沙拉，並且少食用飽和性脂肪。許多研究顯示，攝取飽和性脂肪將會增加罹患失智症的風險。單元不飽和脂肪酸的食材將有助於血管的暢通，進而減少心血管疾病及失智症的發生，也對老年人健康有助益。

3.飲用適量葡萄酒：每日飲3小杯紅酒（約140C.C.），藉此可降低罹患失智症的風險。

果、白米、蛋糕就是屬於高GI的食物。反之,使血糖速度較慢的食物,GI值就越低,像油脂和蛋白質就屬於低GI的食物。

選擇低GI飲食,使體內胰島素上升較少較慢,就能減少體內脂肪形成。所謂低GI的食物,是指GI值低於55的食物,如番茄、芭樂、蔬菜、糙米、胚芽米、豆類、杏仁、核桃,它們較不會刺激胰島素快速分泌。高GI值的食物,是指GI值在70以上的食物,如西瓜、鳳梨、白米、白麵包、巧克力、洋芋片、蛋糕等,務必盡量節制,否則很容易就變成一個大「腹」翁(婆)。

研究發現,低醣飲食不但可以減重,還可以預防糖尿病、冠狀動脈疾病及高血壓,甚至還可以抑制癌症的發生。加拿大英屬哥倫比亞大學的侯教授(VW Ho)曾用一種容易發生乳癌的NOP老鼠分兩組來作研究,一組給予低醣飲食(醣類佔總卡路里量之15%的食物);另一組給高醣飲食(醣類佔總卡路里量之55%的食物)。

一年之後,吃高醣飲食的老鼠有一半長出腫瘤,而吃低醣飲食的老鼠全部沒長腫瘤。這項研究也顯示,吃低醣飲食的老鼠血中的胰島素濃度比吃高醣飲食的老鼠血中胰島素濃度低。而韓國延世大學的金教授(SH Jee)也曾追蹤130萬人,長達十年。結果發現空腹血糖高(大於140毫克/dL)的人發生胰臟癌、肝癌和腎臟癌的風險比空腹血糖低(小於90毫克/dL)的人高。這些研究顯示,慢性高血糖對人體健康是極端不利的。

低醣食物可以減少飯後血糖的飆高及避免高血脂、肥胖、高血壓、糖尿病、心臟病和癌症的發生。

14

代謝症候群

代謝症候群是指一個人體內出現了一連串代謝和心血管功能的異常，其中包括了中廣型肥胖、高血糖、血脂代謝異常和血壓增高；也代表你的健康已亮起紅燈，需要及時改變飲食生活習慣。

代謝症候群是指一個人體內出現了一連串代謝和心血管功能的異常，其中包括了中廣型肥胖、高血糖、血脂代謝異常和血壓增高。當一個人出現代謝症候群時，代表健康已亮起紅燈，需要及時改變飲食生活習慣。研究顯示，患有代謝症候群的人死亡率是沒有代謝症候群的人的2.5倍。在台灣，代謝症候群的盛行率約15%（男性約17%；女性約14%）。具有代謝症候群的人如果不盡快改善自己的飲食生活習慣，將來很容易就會得到糖尿病、高血壓、心臟病、腦中風、關節炎等困擾終身的慢性病。如果能夠及早發現並加以處理，便能脫離代謝症候群，享受健康快樂的人生。

為什麼會產生代謝症候群？

代謝症候群的產生主要是由於身體對胰島素的利用效能減弱，也就是產生了所謂胰島素抗性，這可能跟本身的飲食、體質、老化有密切的關係。人體胰臟所分泌的胰島素就像一把鑰匙，可以開啟血糖進入細胞的大門，同時還參與了血脂的代謝。當人體因飲食或老化等因素導致對胰島素的利用效能減弱時，血液中的糖分便無法有效進入細胞之內，血糖便會偏高，同時高血脂的情形也會隨之而來。當血中的脂肪過多，便容易在血管壁不斷堆積，造成血管狹窄，進而引起高血壓、缺血性心臟病和腦中風。

如何診斷代謝症候群？

代謝症候群的指標共有下列五項，1.腹部肥胖腰圍（男性腰圍＞90公分，女性腰圍＞80公分）。2.三酸甘油脂＞150mg/dl。3.高密度脂蛋白膽固醇過低（男性＜40mg/dl、女性＜50mg/dl）。4.空腹血糖上升（空腹血糖＞100mg/dl）。5.血壓上升（收縮壓＞130mmHg、舒張壓＞85mmHg）。如果符合其中三項，就可以判定有代謝性症候群。

在代謝症候群的五項重要指標中，最容易被一眼看出的就是腰圍。研究發現，中廣型肥胖的人罹患代謝症候群是一般人的4~10倍。腰圍過大，表示腹部囤積過多脂肪，也代表內臟裡的脂肪過多。

內臟脂肪是讓人老化的重要根源，因為脂肪組織會釋放出一些促進老化的發炎物質，讓你老化加速，也容易引起糖尿病、高血壓等慢性疾病。當你發現自己的腰圍超過標準時，就應該趕緊量血

代謝症候群的指標	異常值
1. 腹部肥胖	男性腰圍＞ 90 公分（35.5 吋） 女性腰圍＞ 80 公分（31.5 吋）
2. 三酸甘油脂上升	三酸甘油脂＞ 150mg/dl
3. 高密度脂蛋白膽固醇過低	男性＜ 40mg/dl、女性＜ 50mg/dl
4. 空腹血糖上升	空腹血糖＞ 100mg/dl
5. 血壓上升	收縮壓（高壓）＞ 130mmHg 舒張壓（低壓）＞ 85mmHg

壓，驗一下空腹血糖、三酸甘油脂和高密度脂蛋白膽固醇（好的膽固醇），看看是不是有代謝症候群上身了。如果不幸發現自己罹患了代謝症候群，要了解自己的健康要靠自己捍衞，記得一定要儘快改善自己的飲食及運習慣動，以避免將來成為糖尿病、心臟病和腦中風等慢性疾病的俘虜喔！

如何防治代謝症候群？

代謝症候群的治療不是靠吃藥，而是靠健康的飲食與生活習慣。許多研究顯示，低油、低糖、低鹽的飲食、低熱量的攝取和適當的運動，可以有效預防和改善代謝症候群。

1 低油、低糖、低鹽的飲食：低油、低糖、低鹽的飲食是戰勝代謝症候群的第一步。有代謝症候群的人平時應少吃富含膽固醇（如肥肉、豬腦、蟹黃、魚卵）及飽和脂肪酸（如奶油、牛油、豬油等動物性脂肪）的食物。也要避免用油炸、香煎、爆炒的方式烹調。炒菜時最好少使用含飽和脂肪酸多的豬油，而用含不飽和脂肪酸高的植物油（如橄欖油、花生油、苦茶油等）來代替。平時，應多吃蔬菜、水果，每天至少攝取25公克以上的膳食纖維，因為蔬果中的膳食纖維質是我們維護健康的神奇寶貝，可以延緩葡萄糖的吸收，幫助血糖控制；也可以降低膽固醇的吸收，預防心血管疾病及幫助排便。

有代謝症候群的人應**少吃甜食或含糖飲料，因為過甜的食物會引發身體分泌大量胰島素，而胰島素會促進體內脂肪合成，加重肥胖的問題**。有代謝症候群的人最好吃得清淡一些，每日鈉攝取量應

營養師推薦的飲食

種類	特性	推薦選擇
五穀及其製品	富含碳水化合物及膳食纖維、低飽和脂肪酸、低膽固醇及低脂肪	糙米飯、全穀麵包、早餐穀片、燕麥、大麥
蔬菜類及水果	重要維生素、膳食纖維、植物性化學因子（如茄紅素、花青素、多酚類等）來源	深綠色的各式蔬菜、蘋果、奇異果、香蕉、番茄、西瓜、芭樂等各種水果
豆類	為良好植物性蛋白質來源，可部分取代動物性蛋白質的食物，避免攝取過多肉類蛋白質所附帶的飽和脂肪酸及膽固醇。	毛豆、豌豆、四季豆、黃豆、菜豆等豆類；豆漿、豆腐等大豆製品
乳製品	提供豐富的鈣質及蛋白質	脫脂或低脂牛奶，優格、優酪乳
魚類、肉類、蛋類	魚肉及去皮的雞肉含有較低的飽和脂肪酸；瘦肉為豐富的蛋白質及鐵質來源，並含有較少量的脂肪。	魚肉、去皮的雞肉、去除肥肉的瘦豬肉、白煮蛋
油脂類	杏仁、開心果等堅果類及種子，雖然熱量及脂肪含量都很高，但是其脂肪多為不飽和脂肪酸，而且攝取堅果類可調降壞的膽固醇。	不飽和植物油，如橄欖油、大豆油、芥花油；堅果類及種子。

不超過6公克（約一茶匙）的鹽，因為鹽分會促進體內水分的滯留，導致血壓上升。

2 低熱量的攝取：有代謝症候群的人必須做攝食的熱量管制，平常進食時，吃七分飽即可，千萬不要吃得太撐。只要吃到感覺不餓時，就該放下筷子，停止進食。減重要成功，七分靠飲食，三分靠運動。衛福部國健署最近作了一項調查，發現一餐火鍋吃到飽下來，熱量可能飆破2500大卡，不僅超過一整日建議攝取量，更要爬8.5趟101大樓才能消耗完。因此，適當的低熱量飲食才是最安全而有效的瘦身方法。除非每天至少有30分鐘以上的慢跑，但要單靠運動減重是非常困難的。相反的，每天如果真能減少500大卡的食物攝取，每週大約可以減輕0.5公斤的體重。若能持之以恆，日積月累下來，相信一定會讓你恢復曼妙的好身材。

一般上班族一天需要攝取的熱量大卡數約為體重（公斤）× 30（如60公斤體重的人需攝取1800大卡的熱量）。用低熱量為飲食減重法減重時，一般建議，男性每天的攝食以不超過1600大卡為原則，女性則是以不超過1400大卡為標準。但記得不論男性或女性，每天攝取的食物能量都不可以低於1000大卡，否則會造成身體傷害。

3 適當的運動：運動能燃燒脂肪、降低血中膽固醇及血糖、避免肥胖、增強肌肉質量，還能增加身體對胰島素的使用效能及增進心肺功能，促進生長荷爾蒙分泌，延緩老化。有代謝症候群的人比平常人的運動量要多一點，才能達到減重的目的。一般而言，每天要有30分鐘以上的中度運動量或90分鐘以上的輕度運動量。

每個人最好把運動融入自己的日常生活中，同時可以藉分期付款的方式，把每天的運動平均分配到幾個時段。例如，我喜歡每天早上6點及晚上10點各作15分鐘的原地慢跑，這是我每天的健康時間。剛開始從事運動的人不必心急，可以循序漸進。第一週只要達到目標值的一半即可。而第二週起，則每週增加5分鐘的運動時間，

運動熱量消耗表

運動項目	熱量消耗 （體重 [每公斤]/ 小時 ）
散步（4 公里 / 小時）	3.1 大卡
快走（6 公里 / 小時）	4.4 大卡
慢跑	5.1 大卡
快跑	13.2 大卡
下樓梯	7.1 大卡
上樓梯	10~18 大卡
騎腳踏車（8.8 公里 / 小時）	3.0 大卡
跳舞	5.1 大卡
游泳（0.4 公里 / 小時）	4.4 大卡
高爾夫球	3.7 大卡
網球	6.2 大卡
乒乓球	5.3. 大卡
排球	5.1 大卡
羽毛球	5.1 大卡

吃
病

食物熱量分類表

食物類別	低熱量食物	中熱量食物	高熱量食物及空熱量食物
五穀根莖類及其製品		米飯、土司、饅頭、麵條、小餐包、玉米、蘇打餅乾、高纖餅乾、清蛋糕、芋頭、番薯、馬鈴薯、穀類	起士麵包、波蘿麵包、奶酥麵包、油條、丹麥酥餅、夾心餅乾、小西點、鮮奶油蛋糕、爆米花、甜芋泥、炸甜薯、薯條、八寶飯、八寶粥
奶類	脫脂奶	全脂奶、調味奶、優酪乳（凝態）、優酪乳（液態）	奶昔、煉乳、養樂多、乳酪
魚類、肉類、蛋類	魚肉（背部）、海哲皮、海參、蝦、烏賊、蛋白	瘦肉、去皮的家禽肉、雞翅膀、豬腎、魚丸、貢丸、全蛋	肥肉、三層肉、牛腩、豬腸、魚肚、肉醬罐頭、油漬魚罐頭、香腸、火腿、肉鬆、魚鬆、炸雞、鹽酥雞、熱狗、蛋黃
豆類	豆腐、豆漿（未加糖）、黃豆乾	甜豆花、鹹豆花	油豆腐、油腐泡、炸豆包、炸臭豆腐、麵筋
蔬菜類	各種新鮮蔬菜及菜乾	皇帝豆	炸蠶豆、炸豌豆、炸蔬菜
水果類	新鮮的水果	純果汁（未加糖）	果汁飲料、水果罐頭
油脂類	低熱量沙拉醬		油、奶油、沙拉醬、培根、花生醬
飲料類	白開水、礦泉水、低熱量可樂和汽水		汽水、果汁、可樂、沙士、可可、運動飲料、各式加糖飲料

直到達到目標值為止。膝關節不好，不方便快走或慢跑的人，可以考慮以散步、游泳、固定式自行車來做運動，此外也可以仰躺於床上，騎空中腳踏車或做各式各樣的伸展運動。特別需要注意的是，在運動過程中，如果發現自己有胸痛、嘔吐、呼吸困難或肌肉關節疼痛的情形，千萬不可勉強，必須立即暫停運動，坐下休息。

食物類別	低熱量食物	中熱量食物	高熱量食物及空熱量食物
調味、沾料	鹽、醬油、白醋、蔥、薑、蒜、胡椒、五香粉、芥末		糖、番茄醬、沙茶醬、香油、蛋黃醬、蜂蜜、果糖、蠔油、蝦油
甜點	未加太多糖的果凍、仙草、愛玉、粉圓、木耳		糖果、巧克力、冰淇淋、冰棒、甜筒、麻糬、蛋糕、甜甜圈、酥皮點心、布丁、果醬
零食		牛肉乾、魷魚絲	速食麵、漢堡、豆乾條、花生、瓜子、腰果、開心果、杏仁、洋芋片、蠶豆酥、各式油炸製品、蜜餞
速食、常見餐點		飯糰（不放油條）、三明治（不加沙拉醬）、水餃、非經油炸的速食麵（不放油包）	餡餅、水煎包、鍋貼、油飯、速食麵、漢堡

營養師的減重小祕訣

　　減肥時，首先要先注意飲食要均衡，營養足夠。減重的速度不宜過快，否則容易造成其他的代謝問題，對身體有害無益。一般而言，每週約減少0.5~1公斤，才不會對身體產生不良影響。正確的減肥方法，是以均衡的飲食為原則，適量的控制飲食，減少熱量的攝取。並改變不當的飲食行為，建立正確的飲食習慣，配合適當的運動，以期更有效果。

　　飲食的技巧為，三餐定時定量。進餐程序先吃水果及青菜，再喝湯，最後才吃肉及飯。食物選擇去皮、去肥肉，只吃瘦肉，帶骨帶殼的肉類及海產；盡量把肉類切成絲，並避免油炸、勾芡的食物。少喝果汁，多選用新鮮水果。用餐時細嚼慢嚥，並在餐桌上進食，不要一邊進食一邊聊天或看電視。不以吃東西來發洩怒氣或壓力。家裡不存放零食，也不要成為家中的剩飯剩菜的處理器。

太平洋健康飲食祕碼—
726-25-25-225

太平洋健康飲食的祕訣就是吃7分飽、每天喝大於 2000C.C 的白開水、吃少於 6 公克的鹽、攝取大於 25 公克的膳食纖維、吃少於 25 公克的烹調用油及少於 22.5 公克的糖，如此必然能吃出健康，活出亮麗的人生。

　　人類絕大部分的病是自己吃進來的，而我們的三餐正是自己一天三次的健康保衛戰！過去一項由美國參議院召集學者專家攜手合作，探討疾病原因的重要研究「麥高文報告」顯示：引起大部分疾病的原因是錯誤的飲食習慣。藉由飲食習慣的改變，可以減少25%心臟病、50%糖尿病、80%肥胖症和20%癌症。遺憾的是，隨著生活的逐漸富裕及飲食的西化與精緻化，吃錯飲食的人似乎愈來愈多，也使得國人肥胖、高血脂、糖尿病、高血壓、心肌梗塞與中風的盛行率大為增加。以糖尿病為例，國人民國95年成年男性糖尿病的盛行率為11.7%，大約是民國85年3.7%之盛行率的3倍。同時，國人目前肥胖與過重的盛行率已高得嚇人，成年男性超過二分之一，成年女性也已超過三分之一。

　　想知道自己吃得健康嗎？不妨計算一下自己的身體質量指數（BMI），並且量一下腰圍。如果你的BMI值大於24或腰圍高過上限（男性超過35.5吋，女性超過31.5吋），就表示你吃得很不健康，亟需改善自己的飲食習慣。

太平洋健康飲食的特色

　　雖然低碳水化合物（醣類）飲食可以有效減重，但使用者勢必須攝食較多的脂肪和蛋白質以補充營養，而多油脂的食物又容易養出腸內的壞菌，引起腸道的慢性發炎，因此雖可短期用於減重，但卻不適合用於一般人的長期保健。地中海飲食法是個很不錯的飲食

方式，它的減重效果雖較低碳水化合物（醣類）飲食略為遜色，但也十分相近。同時，還具有良好的降低密度脂蛋白膽固醇（壞的膽固醇）與降低體內發炎指數的作用。

然而，畢竟居住在太平洋沿岸的亞洲民族的主食與地中海沿岸居民是有所不同的，同時大多數的人也都沒有在餐後飲酒的習慣，因此較難完全複製地中海飲食。我們將告訴你**低卡、高纖、低油、低糖、多水的太平洋健康飲食**，讓你活得更加健康有活力。以下分十一點說明「太平洋健康飲食」的特色：

一、低卡：攝取適當的熱量

現代人的飲食問題往往不在患寡，而在患多。如果你想吃得健康，必須先了解自己一天適當的攝取熱量。而熱量的攝取取決於你的理想體重及活動量。

你每天所需要的熱量與你的體型及活動量有關。簡易的熱量計算公式為：體重×每天每公斤理想體重所需的熱量指數。

熱量指數的算法：
簡易熱量計算公式：體重X每天每公斤理想體重所需的熱量（大卡）指數
身體質量指數（BMI）的計算方式為：

$$身體質量指數(BMI) = \frac{體重（公斤）}{身高^2（公尺^2）}$$

身體質量指數（BMI）（kg/m2）在正常範圍（$18.5 \leq BMI < 24$）者，直接以體重乘以由活動量決定的熱量指數。

　　例如，一位身高160公分，體重54公斤（BMI為22.7，屬理想體重）的女性上班族（屬輕度活動量，每公斤體重的活動量熱量指數是30），則每天所需要的總熱量為54 × 30卡=1620卡。

　　體重過重或過輕者可以「身高」及「BMI值22」，回推理想體重。例如，而一位身高160公分（1.6公尺），體重65公斤的女性上班族，其BMI為25.4，屬過重。若以身高1.6公尺及BMI值22回推，理想體重為56公斤（22 × 1.6 × 1.6=56），每天所需要的總熱量為理想體重乘以體重過重者的「活動量熱量指數」，即56 × 25 卡 = 1400卡。

　　我們可以依自己每天所需要的總熱量（參見P178圖表）及以下的食物份量分配表，訂定一天的食物種類及份量。（參見P179圖表）。而後將食物適當地分配至三餐中，訂出一天的的菜單。P180圖表列舉三種1400大卡的菜單供讀者參考。

活動量	體重過重 （BMI ≧ 24）	理想體重 （18.5 ≦ BMI<24）	體重不足 （BMI < 18.5）
臥床	20	20~25	30
輕度（如上班族）	20~25	30	35
中度（如勞工族）	30	35	40

可依「BMI值」與「流動量」決定每公斤體重所需之大卡數，並計算出「一天所需的總熱量」。

二、高纖：攝取大量的膳食纖維

膳食纖維質可預防及改善便祕，減少腸癌的機率；也可延緩葡萄糖吸收，幫助血糖控制；並可降低血膽固醇，有助心血管疾病的預防。每個人每天至少應攝取25公克以上的膳食纖維。含豐富纖維質的食物有豆類、蔬菜類、水果類及糙米、番薯等全穀根莖類。從接觸氧化物多寡與養生的觀點來看，兒童每日蔬果攝取量最好能達到五份，女性成人最好能達到七份，而男性成人最好達到九份蔬果，這也就是所謂的「蔬果579，健康長又久」。

以米食為主的東方民族，可選擇以糙米、五穀米等未精緻穀物為主食，並搭配豐富又多樣的蔬菜、豆類、堅果，並且攝取適量的新鮮水果做點心。基本上，每天應至少有一餐能以全穀類當主食。精緻的白米及白麵粉製品雖然美觀又好吃，但因在製作過程中它們已被去除胚芽的營養及麩皮中的膳食纖維，剩下的成份幾乎都是澱

食物份量分配表

食物種類	1200 大卡	1400 大卡	1600 大卡
全穀根莖類	7 份	9 份	11 份
豆魚肉蛋類	3 份	4 份	5 份
奶類	1 份	1 份	1 份
蔬菜類	3 份	3 份	3 份
水果類	2 份	2 份	2 份
油脂類	5 茶匙	5 茶匙	5 茶匙

三種1400大卡的菜單

菜單1

早餐	午餐	晚餐
低脂奶 1 杯（240C.C） 蔬菜三明治 1 個	什錦湯麵 1 碗 炒菠菜 1 碟 柳丁 1 個	五穀飯一碗 8 分滿 滷雞腿 1 小隻 炒高麗菜 1 碟 香菇炒甜椒 1 碟 紫菜銀魚湯 1 小碗 蘋果 1 個

菜單2

豆漿 1 杯（240C.C） 菜包 1 個	水餃 10 個 燙地瓜菜 1 碟 涼拌小黃瓜 1 碟 蛋花湯 1 小碗 木瓜 1 片	紅豆飯一碗 8 分滿 烤鮭魚 1 小塊（約 1.5 兩重） 家常豆腐 1 碟（豆腐半塊、紅蘿蔔、甜豆莢） 炒青江菜 1 碟 黃瓜魚丸湯 1 碗 奇異果 1 個

菜單3

魚片粥 1 碗（鯛魚肉片、芹菜末）	糙米飯一碗 8 分滿 紅燒排骨 1 小片（約 1.5 兩） 芹菜干絲 1 碟 炒青花菜 1 碟 蛤蜊湯 1 小碗 西瓜 1 片	花枝燴飯 1 盤（小份） 炒空心菜 1 碟 蘿蔔湯 1 小碗 葡萄 10 顆

粉，因此在攝取後會迅速被消化，使血液中的葡萄糖迅速上升，促使體內分泌大量的胰島素來降低血糖，但大量的胰島素也會促進脂肪合成，導致肥胖。因此平時最好能以糙米、燕麥及全麥製品來取代白米及白麵粉製品。

三、低油：吃適量的好油

有些人以為油脂是肥胖之源，因此避油脂唯恐不及。實際上，我們每天都應攝取適量的好油。所謂好油是指以不飽和脂肪酸為主成份的油。脂肪酸分為飽和脂肪酸和不飽和脂肪酸兩大類。飽和脂肪酸主要存在於紅肉（如豬肉、牛肉、羊肉）、牛奶中，食用過量容易增高體內壞的膽固醇（低密度脂蛋白膽固醇），造成動脈硬化及心血管疾病，有礙健康。而不飽和脂肪酸主要存在於豆類、堅果、植物油（如橄欖油、紅花籽油、芥花油）、魚類、甲殼類動物、家禽及蛋黃中，適量攝取，是很好的能量來源。同時鮭魚、鮪

營養師的知識補給站

食物的攝取首重均衡，我們可以將日常生活中的食物分為六大類，每天必須攝取適量的六大類食物，才能稱得上均衡飲食。衛福部對健康成年人的每日食物攝取份量建議如P182圖表。

類別	營養素	份量	份量單位說明
全穀根莖類（主食類）	醣類（膳食纖維）及部分蛋白質	2.5~3 碗（全穀類佔 1/2~1/3）	每碗： 飯一碗（200 公克），或中型饅頭一個，或土司麵包三片
奶類	蛋白質、醣類及鈣質（脂肪含量依全脂、低脂、脫脂不同）	1~2 杯（低脂奶類）	每杯： 牛奶一杯（240 C.C），脫（低）脂奶粉 3 湯匙
豆、魚、肉、蛋類	蛋白質及部分脂質	4~5 份，多攝取優質蛋白質或植物性蛋白質	每份： 肉（豬、雞、鴨、牛、羊、魚、海鮮一兩約 30 公克）或豆腐一塊（100 公克）或豆漿一杯（240C.C）或蛋一個
蔬菜類	維生素、礦物質、膳食纖維及少量醣類	3~7 份	每份： 蔬菜三兩（約 100 公克，煮熟約半碗）
水果類	維生素、礦物質及部分醣類	2 份	每份： 中型橘子一個（約 100 公克），或芭樂一個，或葡萄柚半個（約為女生的手握拳般大小一個）
油脂類	脂肪	1 湯匙（全面減油，攝取核果、種籽類好油）	每湯匙： 1 匙油（15 公克）或花生仁 30 粒或瓜子 3 湯匙

魚、秋刀魚及沙丁魚等深海魚體內富含omega-3脂肪酸，多吃一些，有降低壞膽固醇及心血管疾病的效果。

炒菜或菜餚中需要添加油脂的時候，最好選擇具有高單元不飽和脂肪酸的橄欖油、紅花籽油、芥花油，不要用豬油、奶油、乳瑪琳或烤酥油。

一個人一天的烹調用油，最好控制在每日25公克（約5茶匙）之內為宜。大部分的國人一天油脂量都攝取過高，我們可以試算一下，就國人常吃的便當而言，一塊炸豬排或一塊炸雞排就有3茶匙（約15公克）的油，再加上其他菜色所用的油，一個便當至少含有5茶匙（約25公克）的烹調用油。你如果一天吃兩個便當，再加上早餐的蛋餅或漢堡所含的油，那你一天吃進去的烹調用油絕對大於50公克，因此不肥才怪，所以日常飲食應盡量少吃炸雞排、炸豬排、

許醫師的叮嚀

乳油脂內可能含有飽和脂肪酸（在室溫易凝結，如豬油）、單元不飽和脂肪酸（在室溫為液態，在冰箱會呈固態，如橄欖油）及多元不飽和脂肪酸（在室溫及冰箱都是液態，如葵花油、玉米油、紅花籽油、葡萄籽油、深海魚油）。

富含飽和脂肪酸的食物會增高血中壞的膽固醇，應少吃。相反地，富含單元或多元不飽和脂肪酸的食物可以降低血中壞膽固醇，可適量攝取。此外，鮭魚、鮪魚及沙丁魚內富含omega-3脂肪酸，也具有降低體內壞膽固醇的功效。

營養師的健康烹煮小祕訣

1.選擇適當的材料，要做出脂肪量低的菜，就要選擇脂肪較少的食物材料。用雞肉代替畜肉，或是用比較瘦的部位代替比較肥的部分，就可以減少許多脂肪。

2.少使用絞肉類半成品，市面上所販售的魚餃、蝦餃、蛋餃、貢丸等絞肉類都有加肥肉，所以脂肪含量較高，最好少用。

3.多增加蔬菜量，每餐不要有一道以上的純肉或大塊肉的菜，可用半葷素的菜。使用蔬菜、豆類、蒟蒻等纖維含量較多的材料和肉絲、肉片混合烹調，可以增加份量，也減少了肉的用量，所以減少了脂肪，又可以提供飽足感。

4.選好油，當炒菜或菜餚中需要添加油脂的時候，可以選橄欖油、紅花籽油、芥花油等，對健康較有益處。

5.選擇適當的處理方式，如烹調前去掉外皮、肥肉，將肉類切成細絲、丁狀或片狀，以免吃下過量的肉。

6.多蒸煮、適度炒煎、少油炸，部分肉類其實本身就含有油脂，以乾煎代替快炒逼出肉本身的油脂，這樣可以有效減少烹煮時油的使用量。

7.低油烹調，使用烤箱、微波爐來烹調。而不沾鍋可以在煎食物時，輕而易舉的就減少用油量。

8.少油少鹽，其實，善用蔥、薑、蒜、洋蔥或是薄荷等香料提味，不需要用鹽也可以達到提味效果和調配出許多不同的味道。

肥肉、油酥類點心等脂肪含量高的食物，同時烹調時應儘量以清蒸水煮或燉滷取代煎炸和熱炒。

此外一定要注意避免吃到反式脂肪酸，因為反式脂肪酸會增加血漿中的總膽固醇與低密度脂蛋白（壞的膽固醇），而低密度脂蛋白容易進入在動脈內壁中，導致動脈硬化。反式脂肪酸的來源包括人造奶油（乳瑪琳）、奶精、烘焙用的植物酥油、炸油條和臭豆腐用的氫化棕櫚油。

四、攝取好的蛋白質：魚肉、雞肉及豆類

蛋白質是酵素的主成份，而酵素負責消化食物及維持細胞的各種生理機能，每天攝取適量的蛋白質是十分重要的。食物中的蛋白質來自動物性蛋白質和植物性蛋白質兩大類。

動物性蛋白質主要存在於肉類、牛奶及蛋中，由於在吃紅肉（如豬肉、牛肉、羊肉）及牛奶補充蛋白質時，容易同時攝取到壞的膽固醇（低密度脂蛋白膽固醇），因此最好以吃旗魚、鮪魚、鮭魚、鱈魚、秋刀魚等深海魚類及貝類、甲殼類動物、雞肉來補充動物性蛋白質。

植物性蛋白質存在於豆類及堅果，在攝取時還可以同時吃到一些不飽和脂肪酸，是好的蛋白質來源。整體而言，每人每天植物性蛋白質的攝取量應佔蛋白質攝取總量的三分之二以上。

五、低糖：少吃含糖的食物和飲料

攝取含糖的食物或飲料後，血液中的葡萄糖常會迅速增高，

促使體內分泌大量的胰島素來降低血糖，同時也會促進脂肪生成，造成肥胖及血脂肪異常。一般人一天最多只能吃22.5公克的添加糖（即4.5顆的方糖），而市售一瓶300C.C的全糖飲料或可樂，約有30公克（10%）的糖，喝一瓶就會超標喔。

六、每天吃一份堅果

核桃、松子、腰果、開心果、杏仁等堅果類，含有與深海魚中omega-3脂肪酸相似的 α 亞麻油酸、維生素B群、維生素E，以及鎂、硒、銅等礦物質，能夠提升人體的抗氧化能力、促進能量代謝，還有助減少低密度脂蛋白壞膽固醇（壞膽固醇）。建議每天攝取一份堅果種子（約為1把），相當於7~8公克。

七、適量食用牛奶和奶製品

鈣是構成骨骼及牙齒的主要成分，攝取足夠的鈣質，可促進正

許醫師的叮嚀

大豆製品是很好的植物性蛋白質來源，但大豆內甲硫氨酸（methionine，一種必須胺基酸）的含量少，如果素食者只吃大豆製品，完全沒有補充奶、蛋類營養，很可能會缺乏甲硫氨酸。因此，這類素食者須加強攝取含甲硫氨酸的穀物類（如糙米、米粉、麵條、小麥胚芽、全麥麵包）、堅果、海藻或芝麻。

常的生長發育，並預防骨質疏鬆症。牛奶、優格、起司、乾酪等乳製品，除了提供豐富鈣質及優良蛋白質外，發酵製品也含有多種益生菌，能維持腸道的健康，調節免疫功能。因此建議每日可飲用1~2杯（1杯240ml）脫脂或低脂鮮奶，或者喝減糖優酪乳。

八、善用香草料理

在烹調時，可常使用洋蔥、大蒜、番茄、菇類、香菜、九層塔等台灣特有香草入菜，並且利用大番茄、青椒、檸檬等天然食物增添色香味，並增加茄紅素、花青素等抗氧化物質的攝取，同時還可以減少高鹽高油之調味料的使用。

九、適量的飲茶或喝紅酒

紅酒裡富含多酚類物質，是良好的抗氧化劑，適量飲用對心血管有保護作用。但不可過量，若貪杯則易造成肝炎、脂肪肝、肝硬化、胰臟炎及胃酸逆流等問題，反而有害健康。基本上，一個人每天酒精的攝取量，女性應在14公克以下，男性應在28公克以下，才不致危害健康。一般而言，紅酒的酒精濃度約14%，一天最多只能攝取約100C.C。

在東方民族，喝茶是很好的文化，茶葉中的兒茶素也是一種多酚的成分，其抗氧化能力是維生素E的20倍，具有降低血脂肪、抑制細菌生長、防止蛀牙的效果。餐後，不妨以茶代酒，喝一、二杯綠茶或烏龍茶。

十、少鹽

經常攝取高鈉食物容易患高血壓、心臟病、及胃癌，依據最新（2015年版）美國飲食指南的建議，一個人每日食鹽攝取量應不超過6公克（約一茶匙）。為守護健康，烹調應少用鹽及含有高量鈉的調味品（如味精、沙茶醬等），並少吃醃漬品（如醬菜、酸菜等）或加工食品（如火腿、香腸、臘肉等）。

十一、多喝水，白開水是最好的飲料

水分可以調節體溫、幫助消化吸收、運送養分、預防及改善便祕。白開水是最好的飲料，建議一天至少喝2000 C.C以上的白開水。一方面可軟化大便及促進新陳代謝，二方面還可以加速腎臟的排毒效率。另外，喝適量的水還有助於將沉積在腎臟的尿酸及毒素沖走，避免腎結石及腎衰竭。

太平洋健康飲食祕碼

目前國人在攝食上常犯的錯誤是，油脂、含糖飲料和肉類吃得過多，同時每天攝取的卡路里過高；相反地，蔬菜、水果、鈣質則吃得過少。我們應該把握「726-25-25-225」的太平洋健康飲食祕訣，也就是「吃7分飽」、「每天喝大於2000C.C的白開水」、「吃少於6公克的鹽」、「攝取大於25公克的膳食纖維」、「吃少於25公克的烹調用油」及「少於22.5公克的糖」，如此必然能吃出健康，活出精彩亮麗的人生。

太平洋健康飲食

每天喝2000C.C
以上的白開水，
適量飲用無糖茶
飲。

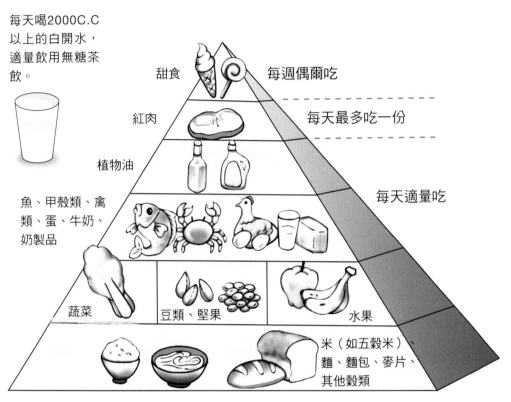

甜食　　　　　每週偶爾吃

紅肉　　　　　每天最多吃一份

植物油

魚、甲殼類、禽
類、蛋、牛奶、
奶製品　　　　　　　　　　　每天適量吃

蔬菜　　　豆類、堅果　　　　水果

米（如五穀米）
麵、麵包、麥片、
其他穀類

少量：吃7分飽
多水：每天喝大於2000C.C的白開水
少油：每天吃少於25公克的食用油
少甜：每天添加糖攝取量小於22.5公克（約4.5顆方糖）
少鹽：每天食用鹽攝取量小於6公克（約一茶匙）
多纖：每天吃25公克以上的膳食纖維

太平洋健康飲食參考食譜： 可提供 1525 大卡、蛋白質 65 公克（17.5%）、醣類 197 公克（52.9%）、 脂肪 49 公克（29.6%）		
早餐： 以主食 3 份、低脂奶 1 份、中脂肉 1 份、蔬菜 1 份為主	午餐： 以主食 3 份、中脂肉 2 份、蔬菜 1.5 份、油 2 份、水果 1 份為主	晚餐： 以主食 3 份、中脂肉 2 份、蔬菜 1.5 份、油 2 份、水果 1 份為主
參考食譜 1		
起司鮪魚土司（全麥吐司 2 片、低脂起司 1 片、水漬鮪魚 30 公克） 生菜沙拉（生菜、小黃瓜、番茄共 100 公克、拌少許水果醋）	雜糧飯八分滿 滷雞腿（連骨的棒棒腿 1 隻約 100 公克） 芹菜豆乾（芹菜 20 公克、豆乾 20 公克） 芝麻金珍菇（芝麻少許、金珍菇 50 公克） 炒菠菜 80 公克 柳丁 1 個	海鮮麵（乾的蔬菜麵條 60 公克、鯛魚肉片 50 公克、蝦仁 15 公克、洋蔥 30 公克） 炒玉米筍 120 公克 木瓜 1 片
參考食譜 2		
饅頭夾肉（全麥饅頭 1 個、烤里肌肉片 35 公克） 低脂奶 1 杯（240 ml） 燙大陸妹 100 公克	香菇山藥粥（山藥 100 公克、粥 250 公克、豬肉片 50 公克、豆皮 10 公克、乾香菇 2 朵、枸杞少許） 炒青江菜 120 公克 葡萄 13 粒	南瓜飯八分滿 烤鮭魚 50 公克 彩椒雞柳（彩椒 30 公克、雞柳條 35 公克） 絲瓜蛤蜊（絲瓜 40 公克、蛤蜊 3 個） 炒高麗菜 80 公克 小蘋果 1 個

國家圖書館出版品預行編目(CIP)資料

吃病：病從口入關鍵分析，教你正確的健康之道/
許秉毅, 許慧雅, 梁靜于著. -- 一版. -- 臺北市：
商周出版：家庭傳媒城邦分公司發行, 2017.02
面；　公分. -- (商周養生館；57)
ISBN 978-986-477-191-2(平裝)

1.健康飲食

411.3　　　　　　　　　　　106001119

商周養生館 57X

吃病：病從口入關鍵分析，教你正確的健康之道（暢銷改版）

作　　　者／許秉毅、許慧雅、梁靜于
企劃選書／黃靖卉
責任編輯／彭子宸

版　　　權／翁靜如、吳亭儀、黃淑敏
行銷業務／張媖茜、黃崇華
總 編 輯／黃靖卉
總 經 理／彭之琬
發 行 人／何飛鵬
法律顧問／元禾法律事務所王子文律師
出　　　版／商周出版
　　　　　　台北市104民生東路二段141號9樓
　　　　　　電話：(02) 25007008　傳真：(02)25007759
　　　　　　blog：http://bwp25007008.pixnet.net/blog
　　　　　　E-mail：bwp.service@cite.com.tw
發　　　行／英屬蓋曼群島商家庭傳媒股份有限公司城邦分公司
　　　　　　台北市中山區民生東路二段141號2樓
　　　　　　書虫客服服務專線：02-25007718；25007719
　　　　　　服務時間：週一至週五上午09:30-12:00；下午13:30-17:00
　　　　　　24小時傳真專線：02-25001990；25001991
　　　　　　劃撥帳號：19863813；戶名：書虫股份有限公司
　　　　　　讀者服務信箱：service@readingclub.com.tw
　　　　　　城邦讀書花園：www.cite.com.tw
香港發行所／城邦（香港）出版集團有限公司
　　　　　　香港灣仔駱克道193號東超商業中心1樓 E-mail:hkcite@biznetvigator.com
　　　　　　電話：(852) 25086231　傳真：(852) 25789337
馬新發行所／城邦(馬新)出版集團 Cite (M) Sdn Bhd
　　　　　　41, Jalan Radin Anum, Bandar Baru Sri Petaling,
　　　　　　57000 Kuala Lumpur, Malaysia.
　　　　　　Tel: (603) 90578822　Fax:(603) 90576622　E-mail:cite@cite.com.my

封面設計／林曉涵
排版設計／洪菁穗
繪　　圖／黃建中
印　　刷／中原造像股份有限公司
經 銷 商／聯合發行股份有限公司
　　　　　　電話：(02)2917-8022　傳真（02）2911-0053
　　　　　　地址：新北市231新店區寶橋路235巷6弄6號2樓

■2017年 2 月14日一版一刷
■2017年11月28日二版一刷　　　　　　　Printed in Taiwan

定價350元

城邦讀書花園
www.cite.com.tw